Bibliografische Information der Deutschen Nationalbibliothek:

Die Deutsche Bibliothek verzeichnet diese Publikation in der Deutschen Nationalbibliografie; detaillierte bibliografische Daten sind im Internet über http://dnb.d-nb.de/ abrufbar.

Impressum:

Druck und Bindung: Books on Demand GmbH, Norderstedt Germany
ISBN: 9783668626034

Dieses Buch bei GRIN:

https://www.grin.com/document/262897

Tina Geitz

Das Einwegpfandsystem in Deutschland. Eine Bilanz zum zehnjährigen Bestehen

GRIN Verlag

FRIEDRICH-SCHILLER-UNIVERSITÄT JENA
Chemisch-Geowissenschaftliche Fakultät
Institut für Geographie

„GEO 521: Geographische Wirtschaftsforschung - Abfallwirtschaften"

Das Einwegpfandsystem in Deutschland

Eine Bilanz zum zehnjährigen Bestehen des Einwegpfandgesetzes – Erfolg oder Misserfolg?

Hausarbeit

vorgelegt von:

Tina Geitz

Abgabedatum: 11.03.2013

Inhalt

Abbildungen

Tabellen

1 Einleitung

Bereits seit einigen Jahrzehnten sind die Förderung von umweltfreundlichen Verpackungsmaterialien sowie die Vermeidung von Verpackungsabfällen im Getränkesektor von großem umweltpolitischem Interesse. Eine bedeutende gesetzliche Grundlage dafür bietet die Verpackungsverordnung aus dem Jahr 1991. Auf Grundlage dieser Verordnung kam es im Jahr 2003 zur bundesweiten Einführung der Einwegpfandpflicht in Deutschland, häufig auch als Dosenpfand bezeichnet. Das damalige Ziel, das mit der Einführung dieses Systems verfolgt wurde, war in erster Linie ein ökologisches. Die Kreisläufe von Einweggetränkeverpackungen sollten aufgrund von Rücknahmesystemen und Pfandbeiträgen geschlossen werden. Die Zahlung eines Pfandbetrages in Höhe von 25 Cent sollte den Verbraucher außerdem dazu veranlassen, verstärkt zu ökologisch vorteilhaften Getränkeverpackungen zu greifen. Sprich das Einwegpfand sollte zu einer Stärkung der Mehrwegsysteme beitragen und die Umwelt und dessen Ressourcen schonen (HARTLEP & SOUREN 2011: 1).

Heute, zehn Jahre nach der Einführung der Einwegpfandpflicht, gibt es eine sehr breite Palette an Pfandflaschen in Deutschland mit sehr unterschiedlicher und für den Verbraucher teilweise auch unverständlicher Bepfandung. Dem Konsumenten fällt es schwer zwischen Einweg- und Mehrwegpfandflaschen zu differenzieren. In Bezug auf die ökologische Komponente und die Zielerreichung in dieser Hinsicht, gibt es sehr kontroverse Meinungen. Teilweise wird behauptet, dass die Einführung des Einwegpfandes ein voller Erfolg war und auch zu ökologischen Verbesserungen geführt hat. Andererseits sind auch Expertenmeinungen präsent, die sich gegen das Einwegpfand und dessen Effekte aussprechen. Kann man somit von einem Erfolg oder einem Misserfolg eines Systems sprechen, das 2003 vom Bundesumweltminister Jürgen Trittin eingeführt wurde und mittlerweile seit zehn Jahren Bestand hat?

An dieser Stelle setzt die vorliegende Forschungsarbeit an. Unter dem Gesichtspunkt der kontroversen Diskussion des Einwegpfandsystems soll versucht werden zu klären, inwiefern dieses bis zum heutigen Zeitpunkt tatsächlich zu einer Stärkung der Mehrwegsysteme beitragen konnte. Zudem soll auch die Seite des Verbrauchers beleuchtet werden, indem das Kaufverhalten und die Motive für die Wahl der Getränkeverpackung erarbeitet werden. Beginnend mit einigen inhaltlichen Informationen zum Einwegpfandsystem in Deutschland, soll anschließend die methodische Vorgehensweise dieser Forschungsarbeit dargelegt werden. Dabei erfolgt eine Differenzierung in quantitativen und qualitativen Forschungsprozess. Im Rahmen der Ergebnispräsentation werden die Auswertungen aus beiden Datenerhebungsverfahren miteinander verknüpft, um somit die eingangs formulierten Forschungsfragen zu beantworten. In Form eines kurzen Ausblickes werden Handlungsempfehlungen aus den Forschungsergebnissen abgeleitet sowie mögliche Alternativen zum Einwegpfandsystem beleuchtet.

2 Inhaltliche Informationen zum Einwegpfand

Um die recht komplexe Thematik des Einwegpfandes verständlich zu machen und eine Grundlage für die anschließende Diskussion über Sinn oder Unsinn eines solchen Systems zu schaffen, ist es notwendig einige theoretische Grundlagen voranzustellen. Da die Entwicklung hin zum Einwegpfand ein sehr langwieriger Entscheidungsprozess war, dieser aber nicht in seiner Ganzheit für die vorliegende Arbeit von Bedeutung ist, soll im Folgenden nur ein kurzer historischer Abriss zur Entstehung des Systems gegeben werden. Anschließend wird die Funktionsweise des Einwegpfandsystems in Deutschland erklärt. Im Kapitel 2.3 sollen zudem die Ziele dargestellt werden, die mit der Einführung im Jahr 2003 verfolgt wurden. Diese bilden eine wichtige Grundlage für die spätere Diskussion des Zielerreichungsgrades anhand von Expertenmeinungen.

2.1 Kurzer historischer Abriss zur Entstehung des Einwegpfandsystems

Am 12. Juni 1991 wurde die Verordnung über die Vermeidung von Verpackungsabfällen, kurz Verpackungsverordnung, beschlossen. Ziel dieser Verordnung war es, die zum damaligen Zeitpunkt sehr niedrigen Verwertungsquoten[1] von Verpackungen zu steigern. In der Verpackungsverordnung wurde bereits eine Einwegpfandpflicht festgelegt, die zum damaligen Zeitpunkt jedoch noch nicht bindend war. Erst wenn die Mehrwegquote unter einen Grenzwert von 72% fällt, sollte diese Einwegpfandpflicht tatsächlich in Kraft treten. Bei der Definition des Schwellenwertes von 72% erfolgte eine Orientierung an der Mehrwegquote aus dem Jahr 1990 (HARTLEP & SOUREN 2011: 2ff.).

Wie in der folgenden Grafik (Abb. 1) zu erkennen ist, sinkt die Mehrwegquote seit dem Jahr 1997 kontinuierlich und liegt seitdem auch dauerhaft unter dem Grenzwert von 72%. Dies war der ausschlaggebende Punkt für die Einführung der Einwegpfandpflicht. Die tatsächliche, bundesweite Einführung verzögerte sich jedoch durch die notwendige Überprüfung der Kennzahlen und diverse Klagen von Getränkeherstellern und Unternehmen, um weitere sechs Jahre. Somit trat die Einwegpfandpflicht erst zum 01. Januar 2003 in Kraft (HARTLEP & SOUREN 2011: 4).

[1] 1990 lag die Verwertungsquote beispielsweise unter 50% (GVM 2010: o.S.)

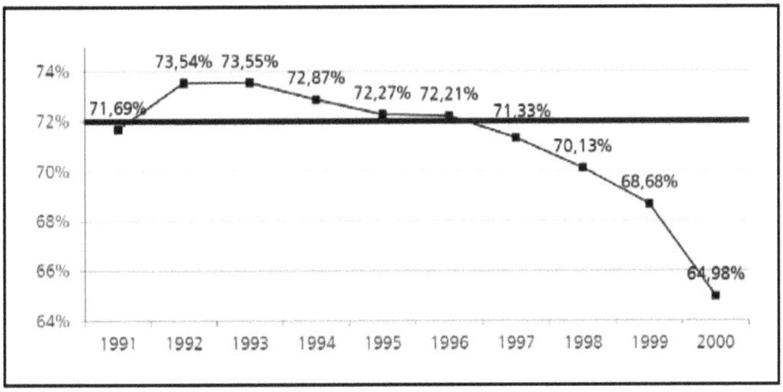

Abb. 1: Entwicklung der Mehrwegquote von 1991-2000 (aus: BMU 2010a: 1)

Mit der dritten Änderung der Verpackungsverordnung zwei Jahre später, am 24.05.2005, erfolgte erstmals die Unterscheidung zwischen ökologisch vorteilhaften und ökologisch nachteiligen Einweggetränkeverpackungen. Dies war insofern eine wichtige Neuerung, da ab diesem Zeitpunkt alle ökologisch verträglichen Getränkeverpackungen gefördert wurden und nicht mehr ausschließlich Mehrweggetränkeverpackungen (HARTLEP & SOUREN 2011: 6f.). Unter dem Begriff ökologisch vorteilhaft wurden und werden auch noch bis heute folgende Einwegverpackungen zusammengefasst:

„1. Getränkekartonverpackungen (Blockpackung, Giebelpackung, Zylinderpackung),
2. Getränke-Polyethylen-Schlauchbeutel-Verpackungen,
3. Folien-Standbodenbeutel". (§ 3 Abs. 4 VERPACKV: 2008)

Aufgrund des erweiterten Verständnisses und der besonderen Berücksichtigung der ökologischen Verträglichkeit einer Getränkeverpackung, wurde eine gemeinsame Quote festgelegt, die die Mehrwegquote ablöste. Diese wurde als MövE-Quote[2] bezeichnet und wurde auf eine Zielgröße von mindestens 80% festgesetzt (HARTLEP & SOUREN 2011: 7).

2.2 Funktionsweise des Einwegpfandsystems

Jede Einwegpfandflasche muss laut der Verpackungsverordnung mit dem DPG-Kennzeichen versehen sein (Abb. 2). Dies ermöglicht dem Verbraucher eine schnelle Erfassung einer Getränkeverpackung als bepfandete Einwegverpackung mit einem Pfand

[2] MövE bedeutet Mehrweg- und ökologisch vorteilhafte Einwegverpackungen

in Höhe von 25 Cent und gewährleistet gleichzeitig die garantierte Zurücknahme und Pfanderstattung im Handel.

Abb. 2: Das DPG-Kennzeichen (aus: BMU 2010b: 7)

Anhand der unten stehenden Abbildung (Abb. 3) soll nun der Pfandkreislauf innerhalb des DPG-Pfandsystems erläutert werden. Der erste Akteur, der innerhalb des dargestellten Kreislaufes ein Pfand erheben muss, ist der Erstinverkehrbringer. Dabei handelt es sich um den Hersteller oder Abfüller einer Einweggetränkeverpackung (HARTLEP & SOUREN 2011: 16). Dieser verkauft die Getränkeverpackung nun an den Großhandel, als eine mögliche Zwischenstufe oder direkt an den Einzelhandel und erhält von diesem zusätzlich den Pfandbetrag in Höhe von 25 Cent. Nach demselben Prinzip laufen der Material- und der Geldfluss auch auf den weiteren Zwischenstufen ab, jeder Abnehmer muss den Pfandbetrag an seinen Lieferanten zahlen. Als letzte Instanz vertreibt der Einzelhandel die Einweggetränkeverpackung schließlich an den Endverbraucher und erhebt dabei wiederum das Pfand in Höhe von 25 Cent.

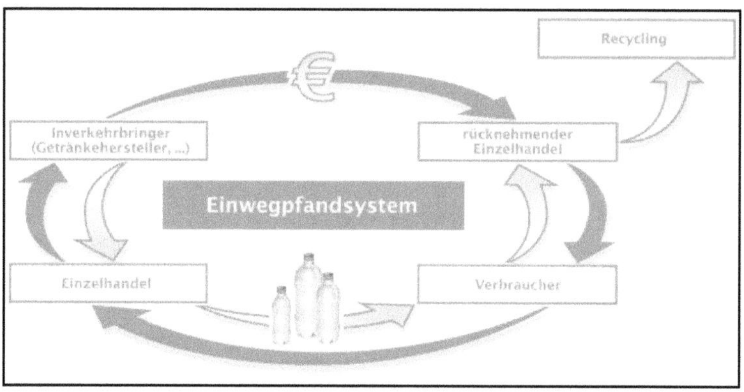

Abb. 3: Funktionsweise des Einwegpfandsystems (aus: HESKE & WEEKERS o.J.: o.S.)

Nach dem Konsum des Getränkegutes und somit der Leerung der Verpackung, erfolgt die Abgabe im zurücknehmenden Einzelhandel und somit die Rückerstattung des gezahlten Pfandbetrages an den Verbraucher. Da es sich im DPG-Pfandkreislauf um Einwegverpackungen handelt, werden diese nicht wieder befüllt und in der Regel auch nicht zum Abfüller oder Hersteller zurück transportiert. Dies wäre sowohl ökonomisch als auch ökologisch nicht rentabel und sinnvoll. So können die zurückgegebenen Einweggetränkeverpackungen beispielsweise direkt an Recyclingunternehmen verkauft werden, die diese dann anderweitig verwenden (HARTLEP & SOUREN 2011: 16).
Da jedoch nicht jede Getränkeverpackung im selben Geschäft zurückgegeben wird, wo sie auch ursprünglich gekauft wurde, entstehen zwischen dem Erstinverkehrbringer und dem zurücknehmenden Einzelhandel unausgeglichene Konten. Eine Lösung dieses Problem bietet das sogenannten Pfandclearing oder deutsch: der Pfandausgleich. In diesem Fall schreibt der zurücknehmende Einzelhandel eine Rechnung an den Hersteller bzw. Abfüller und bekommt die ausstehenden Pfandbeträge von diesem gezahlt (HARTLEP & SOUREN 2011: 16). Damit schließt sich der in Abbildung 3 dargestellte Pfandkreislauf.

2.3 Ziele bei der Einführung des Systems

Im Wesentlichen wurden vier konkrete Ziele mit der Einführung des Einwegpfandsystems im Jahr 2003 verfolgt. Zum Ersten sollte dadurch eine Stabilisierung und Förderung der sogenannten MövE-Quote auf mindestens 80% erfolgen. Zum Zweiten wurde eine Reduzierung der Umweltbelastungen, durch die Förderung von Mehrweg- und ökologisch vorteilhaften Einwegverpackungen, angestrebt. Desweiteren sollte die sortenreine Erfassung, die durch dieses Einwegpfandsystem ermöglicht wird, zu einer Förderung der Recyclingquoten von Sekundärrohstoffen beitragen. Schließlich sollte das Einwegpfandsystem auch als eine Lösung für das Littering[3]-Problem fungieren. Somit sollte die Zahlung eines höheren Pfandbetrages zu höheren Rücklaufquoten von Getränkeverpackungen führen und daher die Umweltverschmutzung reduzieren (UBA 2010: 43). Ein Zitat des damaligen Umweltbundesministers Jürgen Trittin, der sich für das Einwegpfand stark machte, verdeutlicht noch einmal die übergeordnete Zielstellung: „Das Pfand auf ökologisch nachteilige Verpackungen wird den Vormarsch von Dosen und

[3] Littering bezeichnet das ungeordnete Wegwerfen von Verpackungen ohne vorheriges Sortieren sowie das Wegwerfen von Müll in die Umgebung (BIBLIOGRAPHISCHES INSTITUT GMBH 2013: o.S.)

Einwegflaschen bremsen und den Anteil ökologisch vorteilhafter Mehrwegflaschen stabilisieren.“ (TRITTIN 2001 In: NEUE VERPACKUNG 2001: 14).
Aufgrund der übergeordneten Zielstellung, der Stärkung der Mehrwegsysteme, stellt sich die Frage: Welche ökologischen Vorteile weist die Mehrwegflasche gegenüber der Einwegflasche denn überhaupt auf? Warum soll der Verbraucher dazu bewegt werden, verstärkt zu dieser Art der Getränkeverpackung zu greifen? Laut dem Naturschutzbund Deutschland (NABU o.J.: o.S.) existieren vier Eigenschaften, welche die Mehrwegflasche umweltfreundlicher machen als die Einwegflasche. Zunächst sei zu nennen, dass Mehrweg, durch die mehrmalige Wiederbefüllung[4], weniger Abfall erzeugt als Einweg. So ersetzt beispielsweise ein Kasten Wasser mit 20 Mehrwegflaschen aus Glas, insgesamt 1000 Einwegflaschen derselben Größe. Weiterhin werden durch die genannte Wiederbefüllung auch weniger Rohstoffe verbraucht. Ein dritter ökologischer Vorteil der Mehrwegflasche liegt in der Einsparung von Energie. Zwar ist die kritische Anmerkung berechtigt, dass Mehrwegflaschen in Form von Glasflaschen natürlich deutlich schwerer sind und daher beim Transport auch höhere Umweltbelastungen erzeugen. Doch die hohen Umlaufzahlen von Mehrwegflaschen einerseits und die immer wiederkehrende Herstellung neuer Flaschen von Einweggebinden andererseits führen dazu, dass Einweg in der Summe etwa drei- bis fünfmal soviel Energie verbraucht wie Mehrweg. Zudem stehen Mehrwegflaschen auch für kürzere Transportwege. Einwegprodukte werden in der Regel zentral abgefüllt und dann bundesweit transportiert. Mehrwegsysteme werden hingegen hauptsächlich von regionalen Abfüllern genutzt. Es wird davon gesprochen, dass der ökologische Break-Even-Punkt, also der Punkt, ab dem der ökologische Vorteil des Mehrweg gegenüber dem Einweg nahezu Null beträgt, zwischen 300 und 1000 Kilometern liegt. Es lässt sich festhalten, dass Mehrwegsysteme aufgrund der vielfachen Umläufe grundsätzlich umweltfreundlicher als Einwegsysteme sind, der ökologische Vorteil jedoch mit zunehmendem Transportweg abnimmt (NABU o.J.: o.S.).
Zurückkommend auf das Hauptanliegen bei der Einführung des Einwegpfandsystems, die Stärkung der Mehrwegsysteme und die Förderung des MövE-Anteils, sollen nun kurz die bisherige Entwicklung sowie die aktuelle Situation im Mehrwegsektor beleuchtet werden. Zur Erinnerung, die in der Verpackungsverordnung festgeschriebene Zielgröße des MövE-Anteils lag bei 80%. Unter Berücksichtigung der in Abbildung 4 dargestellten

[4] PET-Mehrweg wird bis zu 25 Mal und Glas-Mehrweg bis zu 50 Mal wieder befüllt

Entwicklung, ist jedoch ein kontinuierlicher Rückgang des MövE-Anteils[5] festzustellen. Im Jahr 2009 lag dieser mit einem Wert von 51,8% deutlich unter der Zielgröße von 80%.

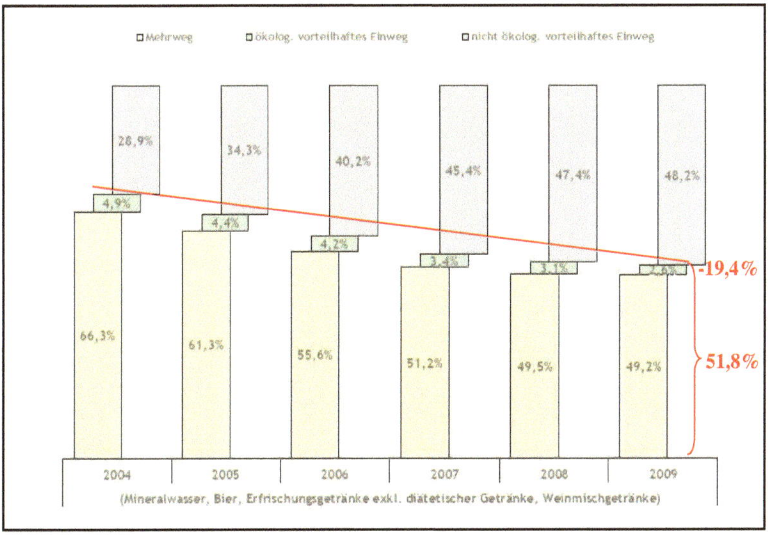

Abb. 4: Entwicklung der verschiedenen Packmittelgruppen im Vergleich 2004-2009 (verändert nach: UBA 2011: 30)

Demgegenüber stieg der Anteil der nicht ökologisch vorteilhaften Einwegverpackungen stetig an, bis auf einen Anteil von 48,2% im Jahr 2009. Wird die Entwicklung der Mehrwegquoten speziell in den verschiedenen Getränkesegmenten betrachtet (Abb. 5), so fällt auf, dass lediglich das Biersegment über dem angestrebten Grenzwert von 80% liegt (Stand 2007). Alle anderen Getränkesegmente liegen teilweise deutlich darunter. Besonders im Bereich des Mineralwassers lässt sich ein sehr starker Rückgang von etwa 50% in den hier abgetragenen 12 Jahren verzeichnen.

Lässt sich also anhand der dargestellten Ziele, die mit der Einführung des Einwegpfandsystems verfolgt wurden und den veranschaulichten Entwicklungen der letzten Jahre sagen, dass das Projekt Einwegpfand bereits zum heutigen Zeitpunkt gescheitert ist? An dieser Stelle soll nun die Forschungsarbeit anknüpfen, um tiefer in die kontroverse Diskussion über den Erfolg oder den Misserfolg dieses Systems einzusteigen.

[5] Der MövE-Anteil umfasst in diesem Fall den unteren gelben Balken sowie den darüber liegenden grünen Balken

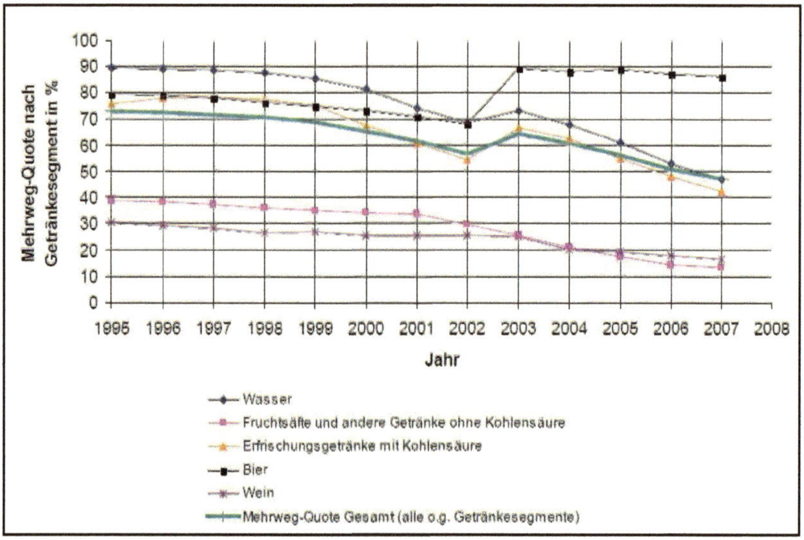

Abb. 5: Entwicklung der getränkespezifischen Mehrwegquoten 1995-2007 (aus: UBA 2010: 103)

3 Methodische Vorgehensweise

In diesem Kapitel soll die methodische Vorgehensweise, die im Rahmen der Forschungsarbeit zum Einsatz kam, geschildert werden. Zunächst wird auf die aus der Theorie abgeleiteten Forschungsfragen eingegangen, um anschließend die begründete Methodenauswahl für den Forschungsprozess vorzustellen. Die Präsentation der methodischen Vorgehensweise bildet die Grundlage für die anschließende Darstellung und Auswertung der Forschungsergebnisse.

3.1 Forschungsfragen

Die zentrale Forschungsfrage der vorliegenden Arbeit bezieht sich auf das Hauptanliegen des Einwegpfandsystems, auf die Stabilisierung und Förderung des MövE-Anteils. Sie lautet: Welchen Beitrag konnte das Einwegpfandsystem zu einer Stärkung der Mehrwegsysteme in Deutschland leisten? Diese Frage leitet sich aus den, im Rahmen der Theorie erarbeiteten, Zielstellungen des Einwegpfandsystems und den dargestellten Entwicklungen ab.
Zudem wurden drei weitere Unterfragen formuliert, die die Beantwortung der zentralen Forschungsfrage unterstützen sollen. Die erste Frage zielt auf eine tiefergehende Untersuchung der Zielerreichung ab: Welche Ziele wurden mit der Einführung des Einwegpfandgesetzes verfolgt und welche davon konnten bis heute tatsächlich erreicht werden? Weiterhin ist es wichtig, um die Gründe für den Erfolg oder Nichterfolg eines solchen Systems zu erfassen, auch die Seite der Verbraucher zu beleuchten. Aus diesem Grund lautet die zweite untergeordnete Fragestellung: Wie nimmt die Bevölkerung das Einwegpfand an? Hierbei soll auf das Problem der Unterscheidbarkeit von Pfandprodukten, aber auch auf die Bedeutung des ökologischen Gedankens bei der Wahl der Getränkeverpackung eingegangen werden. Abschließend geht es darum, einen Ausblick anhand der kontroversen Meinungen in der Literatur und gegebenenfalls auch der Expertenaussagen zu wagen. Daher stellt sich die Frage: Welche Veränderungen oder Entwicklungen sind in der Zukunft notwendig oder auch denkbar?
Im Folgenden soll nun die Methodik vorgestellt werden, die zur Beantwortung der vorgestellten Forschungsfragen herangezogen wurde.

3.2 Begründete Methodenwahl

Im Rahmen der empirischen Methodik wurde eine Kombination von quantitativen und qualitativen Methoden gewählt. Dadurch ist es möglich, sowohl Aussagen über eine breite Masse zu treffen (quantitativ) als auch tiefergehende Informationen von besonders interessanten Gesprächspartnern zu erhalten (qualitativ). Das bedeutet, die quantitative Methodik dient der Schematisierung und die qualitativen Methoden dienen der Individualisierung (REUBER & PFAFFENBACH 2005: 35). Diese Kombination wird zur Beantwortung der Forschungsfragen als sinnvoll erachtet, da somit vertiefende Expertenaussagen zur kontroversen Diskussion des Erfolges des Einwegpfandsystems erfasst werden können, aber gleichzeitig auch ein relativ breites Verbraucherspektrum hinsichtlich ihres Kaufverhaltens von Pfandprodukten untersucht werden kann. Dadurch werden beide Seiten beleuchtet und eine fundierte Beantwortung der zentralen Forschungsfrage ermöglicht.

3.2.1 Quantitativer Forschungsprozess

Im Rahmen des quantitativen Forschungsprozesses wurde die Verbraucherseite anhand von Pfandtagebüchern untersucht. Zu diesem Zweck wurden insgesamt 34 Pfandtagebücher (Anhang 1) ausgegeben. Aufgrund des notwendigen Zeitaufwandes und der Schwierigkeit Personen in der Öffentlichkeit für diese Aufgabe zu gewinnen, wurde ein Großteil der Tagebücher im Bekanntenkreis ausgegeben. Zusätzlich wurden Pfandtagebücher an der Aral Tankstelle in Jena Nord ausgelegt, mit der Bitte, diese dort am Ende des Untersuchungszeitraumes wieder abzugeben. In den Pfandtagebüchern wurden die Anzahl der gekauften Mehrweg- und Einwegflaschen sowie die der gekauften pfandfreien Getränkeverpackungen erhoben. Zusätzlich sollten Eintragungen über die Anzahl der im Handel abgegebenen Pfandflaschen gemacht werden.

Ziel dieser Untersuchungsmethode war es, Aussagen über die Quantität des Kaufes von Einweg- und Mehrwegprodukten zu erhalten. Um daraus repräsentative Ergebnisse zu gewinnen und gegebenenfalls Alltags- und Einkaufsroutinen abzuleiten, wurde ein Zeitraum von insgesamt vier Wochen gewählt. Mithilfe der Pfandtagebücher soll zudem untersucht werden, ob sich das Verhalten der Probanden mit dem aktuellen Trend des verstärkten Kaufes von Einwegprodukten deckt. Außerdem sollen Zusammenhänge zwischen demographischen Komponenten und der Wahl der Getränkeverpackung geprüft werden. Aus diesen Abhängigkeiten ist es wiederum möglich, Handlungsempfehlungen für die Zukunft abzuleiten. Insgesamt wurden die Pfandtagebücher von 18 der 34 Probanden über den kompletten Zeitraum von vier Wochen vollständig ausgefüllt und fließen somit in die Ergebnisbetrachtung ein.

3.2.2 Qualitativer Forschungsprozess

Der qualitative Forschungsprozess besteht aus zwei verschiedenen Komponenten. Zunächst wurden zwei Experteninterviews zum Thema des Einwegpfandsystems geführt. Zum einen wurde Herr T. F. von der Deutschen Umwelthilfe telefonisch interviewt und zum anderen fand ein schriftliches Interview mit dem Bundesministerium für Umwelt, Naturschutz und Reaktorsicherheit[6] statt. Das Ziel der Experteninterviews war es, insbesondere auf den Aspekt der Ökologie Bezug zu nehmen und dahin gehend zu untersuchen, inwiefern das Einwegpfandsystem die Mehrwegsysteme stärken konnte und die ökologischen Zielstellungen erreicht werden konnten. Zudem zielen die Experteninterviews auf Informationen über zukünftige Entwicklungen und Potenziale ab. Nach der Transkription des Interviewmaterials, erfolgte die induktive Kategorienbildung und Auswertung. Die Transkripte der Interviews befinden sich im digitalen Anhang der Arbeit (Anhänge 2 und 3).

Die zweite Untersuchungsmethode bezieht sich auf die im Rahmen der quantitativen Forschung erhaltenen Pfandtagebücher. Nach einer ersten mathematisch-statistischen Auswertung im SPSS, wurden Probanden mit einem auffälligen Einkaufsverhalten für vertiefende Interviews ausgewählt. Ein auffälliges Einkaufsverhalten bedeutet in diesem Fall, es handelt sich um Probanden, die verstärkt Mehrweg bzw. Einweg gekauft haben oder um Probanden, die ein sehr ausgeglichenes Einkaufsverhalten aufwiesen. Die entsprechende Grafik dazu ist im Ergebnisteil zu finden (Vgl. Abb. 9). Im Rahmen der qualitativen Forschung wurden nun Leitfadeninterviews mit den drei ausgewählten Probanden durchgeführt. Der Schwerpunkt dieser vertiefenden Interviews lag auf der Ergründung der Motive für die Wahl der Getränkeverpackung. Desweiteren wurde untersucht, welche Bedeutung dem ökologischen Aspekt bei der Entscheidung zukommt. Diese Interviews dienten somit der Vertiefung der quantitativen Ergebnisse aus den Pfandtagebüchern. Auch diese Interviewtranskripte befinden sich im Anhang (Anhänge 4 bis 6).

---

[6] Im Folgenden BMU genannt

4 Ergebnisse

Im ersten Teil des Kapitels steht die Auswertung der Expertenmeinungen im Mittelpunkt der Betrachtung. Mithilfe der Aussagen der Gesprächspartner soll die Frage der Zielerreichung und somit des Erfolges des Einwegpfandsystems geklärt werden. Zur Verdeutlichung werden hierzu Zitate aus den jeweiligen Interviews herangezogen. Im zweiten Teil erfolgt die Ergebnispräsentation der Pfandtagebuchuntersuchung und somit die Beleuchtung der Verbraucherseite.

4.1 Zielerreichungsgrad des Einwegpfandsystems

Von den Gesprächspartnern wurden im Rahmen der Interviews zunächst noch einmal die Ziele herausgestellt, die mit der Einführung des Einwegpfandgesetzes im Jahr 2003 verfolgt wurden, um später auf die Zielerreichung zu sprechen zu kommen. Das BMU fasst die drei wesentlichen Ziele wie folgt zusammen: „(a) die Reduzierung der wilden Entsorgung von Getränkeverpackungen (Littering), (b) die Generierung sortenreiner Stoffströme (Ressourceneffizienz) und (c) die Stärkung des Anteils von in Mehrwegverpackungen abgefüllten Getränken (Mehrwegförderung).“ (BMU 2013, Anhang 3: 1). Diese decken sich mit denen im Rahmen der inhaltlichen Informationen (Vgl. Kap. 2) vorgestellten Zielsetzungen.

Sowohl das BMU als auch die Deutsche Umwelthilfe sind sich einig, dass das Einwegpfandsystem aus ökologischer Sicht deutliche Fortschritte und Erfolge mit sich gebracht hat und ein Großteil der zuvor benannten Zielstellungen erreicht werden konnten. Dazu zählen ihrer Auffassung nach vor allem die sichtbaren Effekte, die das Einwegpfand bewirkt hat, wie beispielsweise das Littering: „Das Litteringproblem hat sich bei Getränkeverpackungen durch das Einwegpfandsystem gelöst, das war ein großer Erfolg.“ (F. 2013, Anhang 2: 1). Auch das zweite Ziel, die sortenreine Materialerfassung, sieht T. F. von der Deutschen Umwelthilfe als erreicht. Das BMU fasst die Zielerreichung in Bezug auf die ersten beiden Ziele wie folgt zusammen: „Die Einführung der Pfandpflicht für ökologisch nicht vorteilhafte Einweggetränkeverpackungen hat die in sie gesetzten Erwartungen in den Bereichen Littering und Ressourceneffizienz voll erfüllt.“ (BMU 2013, Anhang 3: 5).

Hinsichtlich der Stabilisierung der Mehrwegquote, laut theoretischen Grundlagen das zentrale Anliegen des Einwegpfandgesetzes, sind sich ebenfalls beide Interviewpartner einig, dass dieses nicht in vollem Umfang erreicht werden konnte. Beide Gesprächspartner stützen sich zunächst auf den Anstieg der Mehrwegquote im Biersegment, als einen wesentlichen Erfolg. „Vor der Einführung der Einwegpfandpflicht hatten sie beispielsweise im Bierbereich eine Mehrwegquote von rund 67%. Und heute haben wir eine Mehrwegquote im Bierbereich bei 85%." (F. 2013, Anhang 2: 3) betont T. F.. Dieser Anstieg der Mehrwegquote im Biersegment brachte den positiven Effekt mit sich, dass die Getränkedose, als eine besonders unökologische Verpackung, nahezu verschwunden ist.

In Bezug auf das Segment Mineralwasser und Erfrischungsgetränke können beide Parteien jedoch nicht leugnen, dass das angestrebte Ziel nicht erreicht werden konnte. Wobei versucht wird diesen Misserfolg zu relativieren, indem Argumente angebracht werden, die belegen, dass es keinen kausalen Zusammenhang zwischen dem Rückgang der Mehrwegquote und der Einführung des Einwegpfandsystems gibt. So sieht T. F. die Gründe für den Quotenrückgang vor allem in den Marktverdrängungsstrategien der Discounter, aber auch die gegenwärtige Altersstruktur und der Trend zu Singlehaushalten begünstigen seiner Meinung nach diese Entwicklung.

Das BMU stellt diesen Misserfolg recht deutlich heraus: „Aus abfallpolitischer Sicht steht der Rückgang des Mehrweganteils dem Ziel der Abfallvermeidung eindeutig entgegen. Insgesamt ist die Verringerung des Anteils von Mehrweg- und ökologisch vorteilhaften Einweggetränkeverpackungen aus ökologischer Sicht nach wie vor als nachteilig anzusehen." (BMU 2013, Anhang 3: 2). Aber auch in diesem Fall erfolgt eine Relativierung der Negativentwicklung: „Bei einer Beurteilung der Zielerreichung muss jedoch auch festgestellt werden, dass der Mehrweganteil in anderen Staaten, die keine Pfandpflicht eingeführt haben, in den vergangenen Jahren deutlicher gesunken ist als in Deutschland." (ebd.).

Es lässt sich festhalten, dass das Einwegpfandgesetz sehr wohl zur Verbesserung ökologischer Komponenten, wie beispielsweise der Vermüllung der Landschaft durch Getränkeverpackungen beigetragen hat, wenngleich das Hauptanliegen, die Förderung und Stabilisierung der Mehrwegquote, nicht erreicht werden konnte. T. F. von der Deutschen Umwelthilfe zieht das folgende Resümee bezüglich des Zielerreichungsgrades: „[...] das Einwegpfand ist ein voller Erfolg gewesen. Und jeder der das reduziert darauf, dass die Stabilisierung der Mehrwegquoten nur teilweise erfolgt ist, der verkennt alle anderen ökologischen Ziele, die erreicht worden sind." (2013, Anhang 2: 13).

4.2 Das Einwegpfandsystem aus Sicht der Verbraucher

Nachdem nun die Position der Experten bezüglich des Zielerreichungsgrades ausführlich vorgestellt wurde, wird in diesem Kapitel die Verbraucherseite näher beleuchtet. Im Folgenden werden die Ergebnisse der Pfandtagebuchuntersuchung sowie der vertiefenden Interviews mit ausgewählten Pfandtagebuchteilnehmern präsentiert.

4.2.1 Zusammensetzung der Pfandtagebuchteilnehmer

Die Geschlechterverteilung der Probanden gestaltet sich recht einseitig, lediglich 3 der 18 Probanden waren männlich und 15 weiblich. Dies liegt vermutlich daran, dass in Haushalten verstärkt die Frauen die Einkäufe tätigen und somit auch für das Ausfüllen der Pfandtagebücher verantwortlich waren. Hinsichtlich der Altersverteilung (Abb. 6) zeigt sich ein deutlich überwiegender Anteil 20-29 Jähriger.

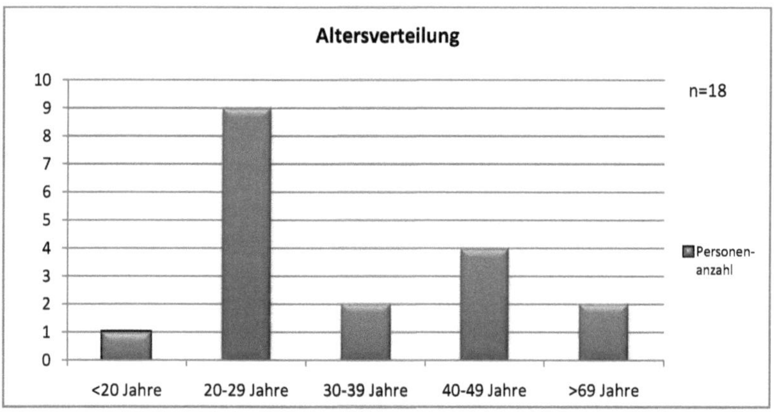

Abb. 6: Altersstruktur der Pfandtagebuchteilnehmer (eigene Darstellung nach eigener Erhebung 2012)

Die Altersklasse von 40-49 Jahren ist mit 4 Probanden am zweithäufigsten vertreten. Alle anderen Altersklassen besitzen nahezu gleich geringe Anteile. Die Spanne der vertretenden Haushaltgrößen erstreckt sich von 1-Personen-Haushalte bis 3-Personen-Haushalte. 4- oder 5-Personen-Haushalte waren unter den Probanden nicht vertreten. Den größten Anteil machen die Singlehaushalte mit insgesamt 9 Probanden aus, gefolgt von den 2-Personen-Haushalten mit 7 Probanden und 2 Teilnehmer gaben an, in einem Haushalt mit insgesamt

3 Personen zu leben. Weiterhin wurde im Rahmen der persönlichen Angaben das Haushaltseinkommen abgefragt. Abbildung 7 stellt die Verteilung der Einkommensklassen dar.

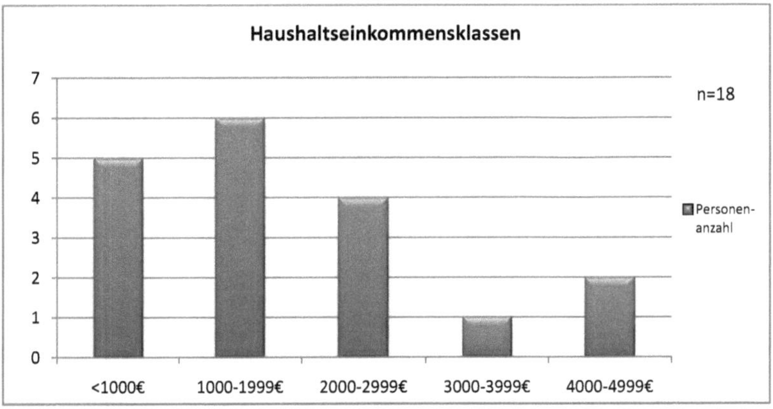

Abb. 7: Haushaltseinkommensklassen der Probanden (eigene Darstellung nach eigener Erhebung 2012)

4.2.2 Kaufverhalten und Auffälligkeiten der Pfandtagebuchteilnehmer

In Abbildung 8 ist die Gesamtanzahl der gekauften und abgegebenen Getränkeverpackungen, differenziert nach der Art der Bepfandung, dargestellt. Die angegebenen Zahlen entsprechen der Summe aller 18 Probanden. Dabei ist auffällig, dass das Verhältnis von gekauften Einweg- und Mehrwegflaschen, entgegen dem Trend, recht ausgeglichen ist. Bei den 18 Pfandtagebuchteilnehmern zeichnet sich keine Präferenz von Einweggebinden ab, im Gegenteil, es wurden mit insgesamt 526 Getränkeverpackungen sogar mehr Mehrwegprodukte gekauft. Zudem ist auch das Verhältnis zwischen gekauften und abgegebenen Pfandprodukten sehr ausgeglichen, was wiederum für eine hohe Rücklaufquote unter den Probanden spricht.

Im Folgenden sollen drei Ausreißerbeispiele der Pfandtagebuchteilnehmer vorgestellt werden, bei denen sich ein recht auffälliges Einkaufsverhalten abgezeichnet hat. Abbildung 9 fasst das Kaufverhalten der drei Probanden im 4-wöchigen Untersuchungszeitraum zusammen.

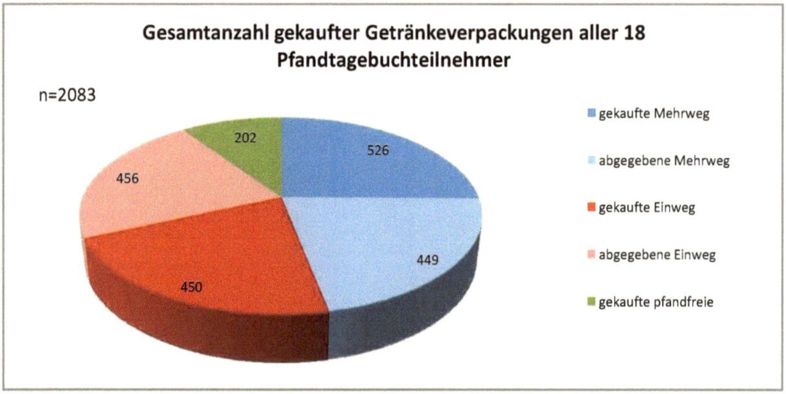

Abb. 8: Gesamtanzahl gekaufter Getränkeverpackungen (eigene Darstellung nach eigener Erhebung 2012)

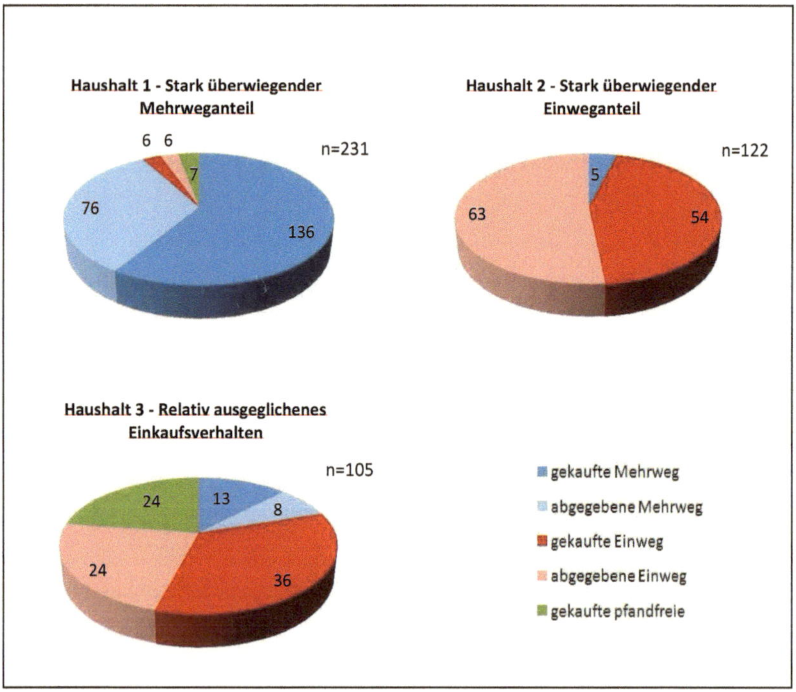

Abb. 9: Drei Probanden mit einem auffälligen Kaufverhalten

(eigene Darstellungen nach eigener Erhebung 2012)

Im Anschluss an die Pfandtagebuchuntersuchung wurden mit diesen drei Probanden Interviews zu den Motiven ihrer Kaufentscheidung durchgeführt. Die unten stehende Tabelle fasst die Kernaussagen aus diesen Interviews, gruppiert nach thematischen Schwerpunkten, zusammen. Während für Haushalt 2 und 3 der ökologische Gedanke keine Rolle bei der Wahl der Getränkeverpackung spielt, begründet Haushalt 1 die Entscheidung für die Mehrwegflasche mit dem Aspekt der Umweltfreundlichkeit. Ein wesentlicher Grund der zum Kauf von Einwegprodukten führt, scheint die größere Produktpalette in diesem Getränkebereich zu sein. Weiterhin wird deutlich, dass Haushalt 2 und 3 sehr viel stärker auf den finanziellen Aspekt bei dem Getränkekauf achten. Sie greifen verstärkt zu Einwegprodukten, da diese in der Regel günstiger sind und schrecken daher auch nicht vor der Zahlung des Pfandbetrages in Höhe von 25 Cent zurück. Haushalt 1 hingegen entscheidet sich aufgrund der ökologischen Verträglichkeit und des höheren Pfandbetrages bewusst für das teurere Mehrwegprodukt.

Tab. 1: Zusammenfassung der Interviewaussagen (eigene Darstellung nach eigener Erhebung 2013)

	Haushalt 1 - Mehrweg	Haushalt 2 - Einweg	Haushalt 3 - ausgeglichen
Altersklasse	40-49 Jahre	< 20 Jahre	30-39 Jahre
Haushaltsgröße	3 Personen	2 Personen	1 Person
Haushaltseinkommen	2000-2999€	1000-1999€	1000-1999€
Motive der Wahl der Getränkeverpackung	▪ Umweltfreundlichkeit ▪ geringerer Pfandbetrag ▪ Bier v.a. in Mehrweg	▪ größere Auswahl bei Einwegflaschen	▪ bevorzugte Getränke in unterschiedlichen Verpackungen ▪ Nährwerttabellen
Bedeutung ökologischer Gedanke	▪ starke Bedeutung ▪ Ziel: Umwelt-schonung	▪ keine Bedeutung	▪ keine Bedeutung
Bedeutung finanzieller Aspekt	▪ bereit, teurere Getränke in Mehrweg zu kaufen ▪ 25 Ct. Pfand schreckt vom Kauf ab	▪ stets Entscheidung für das günstigste Pro-dukt ▪ 25 Ct. Pfand schreckt nicht vom Kauf ab	▪ sehr wichtiger Faktor ▪ 25 Ct. Pfand schreckt nicht vom Kauf ab
Unterscheidbarkeit Mehrweg/Einweg	▪ ja	▪ ja ▪ keine Lenkungs-wirkung durch bessere Kennzeichnung	▪ ja ▪ keine Lenkungswir-kung durch bessere Kennzeichnung

Abschließend lässt sich auch eine Gemeinsamkeit der drei Probanden feststellen. Alle drei Personen sind derzeit in der Lage, Einweg- und Mehrweggetränkeverpackungen voneinander zu unterscheiden und erachten daher die diskutierte, verbesserte Kennzeichnung von Pfandprodukten als nicht notwendig. Haushalt 2 und 3 geben sogar an, dass eine verbesserte Kennzeichnung sie nicht dazu bewegen könnte, verstärkt zur Mehrwegflasche zu greifen und zweifeln somit die Lenkungswirkung an.
Generell lässt sich festhalten, dass jüngere Probanden stärker auf den finanziellen Aspekt und weniger stark auf die ökologische Verträglichkeit bei dem Kauf von Getränkeverpackungen achten. Da Einwegprodukte häufig günstiger angeboten werden, greifen diese Altersklassen stärker danach, als ältere Probanden.

4.2.3 Zusammenhänge zwischen demographischen Angaben und Einkaufsverhalten

Im Rahmen der Korrelationsanalyse im Statistik-Programm SPSS, wurden Zusammenhänge zwischen den persönlichen Angaben der Probanden und der Wahl der Getränkeverpackung untersucht. Zu diesem Zweck wurde der Korrelationskoeffizient nach Spearman zwischen den Variablen Alter, Haushaltsgröße, Haushaltseinkommen und der jeweiligen Getränkeverpackung berechnet. Dieser Koeffizient wurde ausgewählt, da sowohl ordinal- als auch intervallskalierte Daten miteinander korreliert wurden.
Es zeigte sich ein deutlicher Zusammenhang zwischen dem Alter der Probanden und der Wahl der Getränkeverpackung. Zum einen lässt sich festhalten, je älter die Pfandtagebuchteilnehmer waren, desto häufiger haben sie zu Mehrwegprodukten gegriffen. Der Zusammenhang ist mit einem Korrelationskoeffizienten von 0,654 bei einem Signifikanzniveau von 0,003 deutlich positiv. Zum andern lässt sich sagen, je älter der Proband, desto häufiger kauft er auch pfandfreie Verpackungen, hierbei liegt der Korrelationskoeffizient sogar bei 0,733 (Signifikanzniveau 0,001). Korrelationen mit anderen demographischen Parametern ergaben keine Zusammenhänge. Somit scheint das Alter eines der entscheidenden Kriterien bei der Wahl der Getränkeverpackung zu sein.

5 Ausblick: Handlungsempfehlungen und mögliche Alternativen

Auch wenn die Forschungsergebnisse gezeigt haben, dass die Einführung des Einwegpfandsystems bereits zu Verbesserungen im Bereich der Umwelt- und Ressourcenschonung beitragen konnte, so gilt es in Zukunft vor allem an einer Stabilisierung der Mehrwegquote zu arbeiten. Ein zentraler Ansatzpunkt sollte dabei die verstärkte Aufklärung der Öffentlichkeit sein. Zwar haben die drei interviewten Probanden der Pfandtagebücher angegeben, keine Probleme bei der Unterscheidung von Mehrweg- und Einwegpfandflaschen zu haben, dennoch ist das deutsche Pfandsystem für viele Verbraucher unübersichtlich und intransparent. Derzeit wird über eine Kennzeichnungsverordnung diskutiert. Demnach sollen Einweg- und Mehrwegflaschen im Einzelhandel eindeutig und gut sichtbar gekennzeichnet werden, um so dem Verbraucher die Entscheidung zu erleichtern. Die Deutsche Umwelthilfe kritisiert dabei jedoch den derzeit diskutierten Ansatzpunkt: „die Kennzeichnungsverordnung, die von Altmaier jetzt durchgedrückt werden soll ist insofern nicht ganz optimal, weil die Kennzeichnung an den Verkaufsregalen vorgenommen werden soll und nicht auf den Produkten selber“ (2013, Anhang 2: 12). Die Deutsche Umwelthilfe geht davon aus, dass mit einer richtig durchgesetzten Kennzeichnungspflicht, die Mehrwegquote in einem bestimmten Maße gesteigert werden kann. Auch das BMU unterstützt den Ansatzpunkt der Öffentlichkeitsarbeit: „Die Information der Öffentlichkeit sowohl durch die Bundesregierung als auch durch Wirtschaftsbeteiligte und Umwelt- und Verbraucherverbände wird auch in der Zukunft eine wichtige Rolle spielen. Der Aufklärung der Öffentlichkeit dient auch die vorgesehene Hinweispflicht.“ (BMU 2013, Anhang 3: 5).

Ein weiterer, jedoch sehr kontrovers diskutierter Ansatzpunkt zur Steigerung des Mehrweganteils, ist der Einsatz einer sogenannten Lenkungsabgabe[7] auf unökologische Getränkeverpackungen in Höhe von 20 Cent. „Das würde dazu führen, dass Einweggetränkeverpackungen insoweit verteuert werden würden, dass viele Mehrwegprodukte zumindest preislich wieder konkurrenzfähig wären. [...] Und das wäre die Möglichkeit Mehrweg zu fördern durch eine entsprechende Abgabe, die gleichzeitig dazu führt, das Einweggetränkeverpackungen ökonomisch benachteiligt werden.“ (2013, Anhang 2: 12). Die Deutsche Umwelthilfe gibt an, dass diese Lenkungsabgabe ein geeignetes Instrument sei, um die Mehrwegquote zu fördern, gibt aber gleichzeitig zu, dass

[7] Von der Deutschen Umwelthilfe auch als „Klimaschutzabgabe“ bezeichnet

es schwierig sein wird diese in die Realität umzusetzen. Das BMU ist gegenteiliger Meinung und sagt dazu: „Gegen eine Abgabe spricht sowohl die fehlende Akzeptanz in der Bevölkerung als auch die Schwierigkeit, eine über alle Getränkesegmente hinweg taugliche und der Marktentwicklung angepasste Abgabenhöhe zu bestimmen, die Lenkungswirkung entfaltet ohne zugleich Erdrosselungseffekte zu zeigen." (BMU 2013, Anhang 3: 4).

Schließlich fordert die Deutsche Umwelthilfe eine Aufhebung der Ausnahmeregelungen für Fruchtsaftgetränke. Ihrer Auffassung nach muss diese umgehend abgeschafft werden, da sie sowohl veraltet als auch für den Konsumenten keineswegs nachvollziehbar ist. Das Getränkesegment Saft darf also nicht länger von der Einwegpfandpflicht ausgenommen sein, um auch für den Verbraucher eine stärkere Transparenz zu schaffen.

6 Zusammenfassung

Die vorliegende Arbeit hat verdeutlicht, dass es schwierig ist, eine eindeutige Entscheidung zu treffen, ob die Einführung des Einwegpfandsystems als ein Erfolg oder ein Misserfolg bewertet werden kann. Die Expertenaussagen haben deutlich zum Vorschein gebracht, dass der Zielerreichungsgrad nicht auf die Stabilisierung der Mehrwegquote beschränkt werden darf. Das Einwegpfandsystem hat in vielerlei Hinsicht zu einer Umwelt- und Ressourcenschonung beitragen können. Vor allem sind hierbei die Verringerung des Littering, die erhöhten Rücklaufquoten und die sortenreine Materialsammlung zu nennen. Die Experten sind sich einig, dass durch die Einführung des Einwegpfandes sehr wohl ein Beitrag zur ökologischen Verträglichkeit geleistet werden konnten.

Dennoch sollte nicht vernachlässigt werden, dass das Hauptanliegen des Einwegpfandgesetzes in der Stärkung der Mehrwegsysteme lag. Der Verbraucher sollte durch den höheren Pfandbetrag bei Einweggebinden, verstärkt zu Mehrwegprodukten greifen. Dies ist nur in geringem Umfang gelungen. Zwar haben die Pfandtagebuchuntersuchungen gezeigt, dass die Probanden in der Masse sehr ausgeglichen einkaufen, dennoch sind die Mehrwegquoten seit Jahren rückläufig. Die Gründe hierfür liegen laut der Experten nicht in der Einführung des Einwegpfandsystems sondern sind vielmehr in der Marktwirtschaft zu suchen. Nichtsdestotrotz war es ein erklärtes Ziel die MövE-Quote auf mindestens 80% anzuheben und dies ist eindeutig nicht gelungen.

Somit gilt es in Zukunft an Marketingstrategien für Mehrwegpfandprodukte zu arbeiten. Dabei sollten vor allem jüngere Personengruppen in die Aufklärungsarbeit einbezogen werden, denn die Untersuchungen haben gezeigt, dass vor allem diese Altersklassen verstärkt zu Einwegprodukten greifen. Ein entscheidendes Kriterium bei der Wahl der Getränkeverpackung ist bei jüngeren Probanden offensichtlich der Preis. Somit müssen in Zukunft Konzepte erarbeitet werden, die die Mehrwegflasche preislich wieder konkurrenzfähig machen.

Es lässt sich festhalten, dass keine eindeutige Antwort auf die Frage gegeben werden kann, ob das Einwegpfandsystem ein Erfolg oder ein Misserfolg war. Bis zum heutigen Zeitpunkt konnte es nicht zu einer Förderung der Mehrwegsysteme beitragen, hat aber in anderen Bereichen deutliche ökologische Verbesserungen bewirkt. Dieses System wird auch in Zukunft ein Gegenstand von kontroversen Diskussionen bleiben.

Literatur

Bibliographisches Institut GmbH (2013): Littering, das. <http://www.duden.de/rechtschreibung/Littering> (Stand: 2013) (Zugriff: 2013-02-20).

BMU (2010a): Mehrweganteile am Getränkeverbrauch nach Getränkebereichen in den Jahren 1991 bis 2007 (in %) in der Bundesrepublik Deutschland. <http://www.bmu.de/files/pdfs/allgemein/application/pdf/mehrweganteil_zeitverlauf.pdf> (Stand: 2010-10-01) (Zugriff: 2012-12-10).

BMU (2010b): Fragen und Antworten zur Pfandpflicht, <http://www.bmu.de/files/pdfs/allgemein/application/pdf/pfandpflicht_faq_de_bf.pdf> (Stand: 2010-05) (Zugriff: 2013-01-10).

Gvm (Gesellschaft für Verpackungsmarktforschung) (2010): Blickpunkt – Recyclingbilanz für Verpackungen. <http://www.gvm-wiesbaden.de/pdf/infocus/201003_RB16_de.pdf> (Stand: 2010) (Zugriff: 2013-01-10).

Hartlep, U. & R. Souren (2011): Recycling von Einweggetränkeverpackungen in Deutschland: Gesetzliche Regelungen und Funktionsweise des implementierten Pfandsystems. Ilmenau: Verlag proWiWi e.V.

Heske, G. & F. Weekers (o.J.): Wie funktioniert das Dosenpfand? <http://www.dosenpfand.de/wie_funktioniert_das_dosenpfand.html> (Stand: o.J.) (Zugriff: 2013-02-15).

NABU (Naturschutzbund Deutschland e.V.) (o.J.): Fünf gute Gründe für Mehrwegflaschen. Mehrweg ist der bessere Weg. <http://www.nabu.de/themen/konsumressourcenmuell/konsumierenundwirtschaften/mehrweg/04722.html> (Stand: o.J.) (Zugriff: 2013-01-10).

Neue Verpackung (2001): Das „Dosen"-Pfand kommt. Ein „Tritt in" das Kontor der Einwegproduzenten. <http://ki-portal.de/ai/resources/4a8a30f6d0e.pdf> (Stand: 2001-02) (Zugriff: 2012-12-10).

Reuber, P. & C. Pfaffenbach (2005): Methoden der empirischen Humangeographie. Beobachtung und Befragung. Braunschweig: Westermann.

UBA (Umweltbundesamt) (2010): Bewertung der Verpackungsverordnung. Evaluierung der Pfandpflicht. Dessau-Roßlau: Umweltbundesamt.

UBA (Umweltbundesamt) (2011): Verbrauch von Getränken in Einweg- und Mehrwegverpackungen. Berichtsjahr 2009. Dessau-Roßlau: Umweltbundesamt.

VERPACKV (2008): Verordnung über die Vermeidung und Verwertung von Verpackungsabfällen (Verpackungsverordnung) vom 21. August 1998 (BGBl. I S. 2379), die zuletzt durch Artikel 1 u. Artikel 2 der Verordnung vom 2. April 2008 (BGBl. I S. 531) geändert worden ist. <http://bundesrecht.juris.de/bundesrecht/verpackv_1998/gesamt.pdf> (Stand: 2008) (Zugriff: 2013-01-03).

Anhang

Anhang 1

Pfandtagebuch

Bitte tragen Sie innerhalb des Untersuchungszeitraumes von 4 Wochen **jeden Tag** die Anzahl der **Mehrweg- und Einwegpfandflaschen** sowie die Anzahl aller **pfandfreien Getränkeverpackungen** ein, die sie während des gesamten Tages gekauft haben. Außerdem geben Sie bitte die Anzahl der **Pfandflaschen** an, die sie an einem Tag **im Einzelhandel zurückgegeben** haben und dafür ihr Pfandgeld zurück erstattet bekommen haben. Bei dem Kauf von Sechserträgern bzw. Getränkekästen, **bitte jede Flasche einzeln zählen** und angeben. Die Angaben sind jeweils **pro Haushalt** zu machen, d.h. der komplette Einkauf an Getränken für alle Haushaltsmitglieder.

Vielen Dank für die tatkräftige Unterstützung meiner wissenschaftlichen Arbeit!

Datum	**Anzahl der gekauften Mehrwegpfandflaschen** (Pfand =	**Anzahl der gekauften Einwegpfandflaschen** (Pfand =	**Anzahl der gekauften pfandfreien Getränkeverpackungen**	**Anzahl der abgegebenen Mehrwegpfandflaschen** (Pfand =	**Anzahl der abgegebenen Einwegpfandflaschen** (Pfand =
Woche 1					
26.11.2012					
27.11.2012					
28.11.2012					
29.11.2012					
30.11.2012					
01.12.2012					
02.12.2012					
Woche 2					
03.12.2012					
04.12.2012					
05.12.2012					
06.12.2012					
07.12.2012					
08.12.2012					
09.12.2012					

Anhang 1

Pfandtagebuch

Woche 3					
10.12.2012					
11.12.2012					
12.12.2012					
13.12.2012					
14.12.2012					
15.12.2012					
16.12.2012					
Woche 4					
17.12.2012					
18.12.2012					
19.12.2012					
20.12.2012					
21.12.2012					
22.12.2012					
23.12.2012					

Persönliche Angaben

Geschlecht: ☐ männlich ☐ weiblich

Alter: ☐ < 20 Jahre ☐ 20-29 Jahre ☐ 30-39 Jahre ☐ 40-49 Jahre ☐ 50-59 Jahre ☐ 60-69 Jahre ☐ > 69 Jahre

Haushaltsgröße: ☐ 1 Person ☐ 2 Personen ☐ 3 Personen ☐ 4 Personen ☐ 5 Personen ☐ > 5 Personen

Haushaltseinkommen: ☐ < 1000 € ☐ 1000-1999 € ☐ 2000-2999 € ☐ 3000-3999 € ☐ 4000-4999 € ☐ >

Anhang 2

Telefoninterview mit Herrn T. F. vom Deutsche Umwelthilfe e.V.

- 31.01.2013 -

(Fragen lagen dem Interviewpartner bereits vor)

I: Interviewer (Tina Geitz)

B: Befragter (T. F.)

I: In der Literatur und der Presse finden sich sehr kontroverse Meinungen zum Sinn und Zweck eines Einwegpfandsystems in Deutschland. Wie stehen Sie dazu?

B: Sie haben vollkommen Recht in der Presse vor allen Dingen ist es so, dass das Einwegpfand sehr kontrovers diskutiert wird. Wir als Umweltschutzverband haben eine eindeutige Positionierung zum Einwegpfand. Das Einwegpfand auf unökologische Getränkeverpackungen ist ein voller Erfolg, wenn man Resümee zieht seit der Einführung im Jahr 2003. Weil man muss verschiedene Ziele genauer betrachten, die durch die Einwegpfandeinführung erreicht werden sollten. Viele beschränken die Einführung des Einwegpfandes ausschließlich auf die Stabilisierung der Mehrwegquote, da kann ich gleich nochmal drauf eingehen, das, selbst das wo viele sagen es hat nicht funktioniert, keine Lenkungswirkung hin zu ökologisch verträglichen Mehrwegverpackungen gegeben. Selbst das muss man noch im Detail ein bisschen differenzierter betrachten, eine Pauschalaussage, es gab keine Stabilisierung der Mehrwegquote, das stimmt so auch nicht. Aber nochmal ganz kurz zu den anderen Zielen, die eindeutig erreicht worden sind durch das Einwegpfand. Ein Ziel war ja gewesen den Anteil an gelitterten Abfällen durch Getränkeverpackungen quasi auf Null herunter zu fahren.

I: Genau das sollte ja vor allem auch durch diesen höheren Pfandbetrag erzielt werden, das dadurch die Rücklaufquoten höher sind oder?

B: Genau, also erstmal ein Ziel war ja, das ist absolut richtig, aber zunächst einmal war ja das Ziel gewesen, sie wollen den Abfall von der Straße da hin bekommen das sie ihn recyceln können. Also früher war es so das die Getränkeverpackungen sinnlos weggeschmissen worden sind, das gab unschöne Bilder. Das heißt also das Littering von Getränkeverpackungen, von bepfandeten Einweggetränkeverpackungen ist quasi auf Null runter gefahren. Die gelitterten Getränkeverpackungen, die sie jetzt noch draußen finden, die sind von der Einwegpfandpflicht ausgenommen oder sind pfandfrei verkaufte Getränkedosen, die so nicht hätten verkauft werden dürfen, die aus dem Ausland importiert worden sind. Das Litteringproblem hat sich bei Getränkeverpackungen durch das Einwegpfandsystem gelöst, das war ein großer Erfolg. Und Sie haben Recht, ein anderes Ziel war es auch, neben dem Littering, eine möglichst hohe Rücklaufquote für ein hochwertiges Recycling zu bekommen von unökologischen Einweggetränkeverpackungen, das hat auch extrem gut funktioniert. Sie haben laut der Deutschen Pfandsystem GmbH, der DPG, eine Rücklaufquote von 98,5% bepfandete Einweggetränkeverpackungen.

Anhang 2

I: Das ist ja natürlich schon einmal eine sehr gute Quote, das spricht natürlich für den Erfolg, das stimmt.

B: Das ist eine super Quote, weil wenn Sie die Sammelquote, die Erfassungsquote im Vergleich zum Grünen Punkt-System zur haushaltnahen Wertstoffsammlung nehmen würden, dann haben Sie dort eine effektiv deutlich geringere Sammelquote, weil Sie müssen sich natürlich eines klar machen: denen fehlt der ökonomische Anreiz. Vor 2003 wurden Getränkeverpackungen, also Einweggetränkeverpackungen, ja auch im gelben Sack gesammelt und das hat aber zunächst mal eine Voraussetzung und zwar, dass die Verbraucher tatsächlich Einweggetränkeverpackungen auch in den gelben Sack schmeißen und genau das ist zum großen Teil nicht passiert, viele wurden gelittert. Und wenn sie gelittert werden dann werden sie durch die öffentlichen Stadtreinigungen eingesammelt und landen in der Müllverbrennung. Viel wurden auch im schwarzen Hausmüllcontainer entsorgt, sodass sie von den Getränkeverpackungen, die überhaupt im gelben Sack gelandet sind, nur ein Bruchteil der in Verkehr gebrachten erfasst haben. Und selbst die Verpackungen, die im gelben Sack landen, werden ja auch nicht zu 100% recycelt, sondern nur zu einem bestimmten Anteil, weil sie natürlich auch im gelben Sack viele Fehlwürfe und Restanhaftungen, Verschmutzungen haben, die das Recycling von Kunststoffverpackungen vor allem auch beeinträchtigt. Selbst die Menge die sie sammeln und das ist nur ein Bruchteil, kann eben auch nicht zu 100% recycelt werden. Deshalb kommen sie bei Kunststoffverpackungen im gelben Sack auf eine Quote, auf eine Recyclingquote von ungefähr 40%.

I: Das ist natürlich im Vergleich zu der anderen Quote schon sehr gering.

B: Genau. Und die Recyclingquote, die effektive, liegt bei dem Einwegpfandsystem für Getränkeverpackungen bei 98,5%. Im Grunde genommen werden, also von den 98,5% Sammelmenge, 100% recycelt. Denn das ist deshalb möglich, und das war auch ein weiteres Ziel des Einwegpfandsystems und Vorteil des Einwegpfandsystems, dass sie dort eine extrem sortenreine Sammlung von Materialien haben. Sie haben also in der Regel Monofraktionen von PET, von PE Verpackungen oder Aluminium und Weißblech. Und das führt einfach dazu, dass sie ein deutlich besseres Material haben, eine deutlich höhere Materialqualität haben, womit sie natürlich auch die Materialien für ein hochwertigeres Recycling einsetzen können, als beispielsweise bei Materialien aus dem gelben Sack. Das sehen Sie auch an den Marktpreisen für klares PET, aus der Einwegpfandsammlung können sie momentan rund 700€ pro Tonne erzielen, was einfach zeigt, wie wertvoll dieses Material ist und wie sortenrein. Und für klares PET aus dieser haushaltsnahen Wertstoffsammlung aus dem gelben Sack, bekommen sie auf dem Markt momentan zwischen 400 und 500€. Und da sehen sie, dass die Materialqualität in der Einwegpfandsammlung deshalb besser ist, weil sie einfach wirklich eine ausschließlich sortenreine Erfassung haben.

I: Das war ja dann auch später nochmal eine Frage von mir, dass dadurch natürliche eine höhere ökologische Verträglichkeit doch gewährleistet dieses Einwegpfandsystem, durch eben die sortenreine Erfassung.

Anhang 2

B: Ganz genau, ganz genau. Und das sind eben Erfolge, sie haben das Littering was verschwunden ist, sie haben enorme, nahezu an 100%, enorme Rücklaufquoten, Sammelquoten und sie haben sehr gute Recyclingquoten und sehr gutes Recyclingmaterial durch die sortenreine Sammlung. Das sind alles schon mal Vorteile, die das Einwegpfandsystem hat gegenüber der haushaltsnahen Wertstoffsammlung, was ja vorher das Sammelsystem für die Getränkeverpackungen war, vor der Einführung der Einwegpfandpflicht.

I: In Bezug auf die nächste Frage haben Sie ja jetzt einige Stärken schon genannt. Was könnten Sie dann für Schwächen benennen von diesem System?

B: Also ich wollte noch, bevor ich Ihnen die Frage beantworte, noch ganz kurz auf das vierte Ziel eingehen, was ich angerissen hatte – die Stabilisierung der Mehrwegquote. Das war auch eines der Hauptziele gewesen und in bestimmten Getränkesegmenten hat es auch zu einer Stabilisierung der Mehrwegquote geführt. Vor der Einführung der Einwegpfandpflicht hatten sie beispielsweise im Bierbereich eine Mehrwegquote von rund 67%. Und heute haben wir eine Mehrwegquote im Bierbereich bei 85%.

I: Genau, ich wollte gerade sagen, also die liegt ja über 80%.

B: Die liegt momentan bei 85% und das hatte den folgenden Grund, und das war auch Erfolg des Einwegpfandes, weil sie haben eine ganz besonders unökologische Getränkeverpackung und zwar Dosen, Getränkedosen, fast komplett vom Markt verschwinden lassen, durch das Einwegpfand. Weil wenn sie eine Getränkedose haben, früher war es so sie haben die Getränkedose ausgetrunken, sie haben sie zusammen gequetscht und irgendwo hingeschmissen. Damit war die Sache erledigt. Dadurch war die Getränkedose auch immer noch verbraucherfreundlich. Jetzt wo sie 25 Cent Pfand bezahlen müssen, können sie sie nicht mehr austrinken und wegschmeißen, weil sie wollen ja ihr Pfand von 25 Cent wieder bekommen und deshalb ist die Dose unpraktikabel geworden. Niemand packt sich eine klebrige, also wo klebrige Inhalte drin sind, und die sich nicht wiederverschließen lässt ohne weiteres, also eine ausgetrunkene Dose in die Hosentasche oder in die Handtasche oder sonst wo. Das hat dazu geführt, dass die Getränkedose vom Markt, also vom deutschen Markt, quasi vollständig verschwunden ist und die Getränkedose hat heute einen Marktanteil an den Getränkeverpackungen von 1,2%.

I: Die Getränkedose allgemein oder im Bierbereich?

B: Nein die Getränkedose allgemein, an allen Getränkeverpackungen in Deutschland. Und das ist ein Erfolg des Einwegpfandes, dass diese besonders unökologische Getränkeverpackung, die Getränkedose fast komplett vom Markt verschwunden ist. Man hört jetzt in letzter Zeit immer wieder Pressemitteilungen, die Dose ist im Aufwind, wir haben wieder über eine Milliarde Dosen in Deutschland verkauft. Das sind nette Pressemitteilungen der Dosenhersteller, die versuchen, auf diese Weise die Dose zu pushen. Aber diese Zuwächse, die die Dosenindustrie momentan verzeichnet, sind auf einem extrem niedrigen Niveau. Und da haben sie natürlich, wenn sie bei 1% Marktanteil liegen, natürlich immer noch Luft nach oben. Aber vor der Einführung des Einwegpfandes hatten Getränkedosen einen Marktanteil von ungefähr 11%. Und das hat insbesondere im Bierbereich dazu geführt, dass dort wo der

Anhang 2

Dosenanteil extrem hoch war, das da wo der Getränkedosenverbrauch durch das Einwegpfand zurück gegangen ist, haben die Mehrwegflaschen diese Marktanteile übernommen. Das ist der Grund, warum durch das Einwegpfand im Bierbereich sich die Mehrwegquote stabilisiert hat.

I: Aber zum Beispiel im Mineralwasserbereich, dort ist ja doch ein sehr starker Rückgang zu erkennen.

B: Aber der Rückgang der Mehrwegquoten den wir bei Softgetränken, Erfrischungsgetränken und Mineralwasser haben, hat ja mit der Einführung des Einwegpfandes nichts zu tun, das steht ja in keinem kausalen Zusammenhang. Der Rückgang der Mehrwegquote im – oder mal eine Gegenfrage, warum sollten Leute keine Mehrweggetränke mehr kaufen, nur weil 25 Cent Pfand auf eine Einweggetränkeverpackung gezahlt werden soll? Also warum sollte das ein Einweggetränk attraktiver machen? Also das mehr Einweggetränkeverpackungen gekauft werden hat nichts, ganz sicher nichts mit dem Einwegpfandsystem zu tun und der Rückgang der Mehrquote auch nicht. Das hat andere Gründe. Die müssen sie einmal suchen in den Marktverdrängungsstrategien von Discountern, insbesondere von Aldi und Lidl. Aldi und Lidl haben beispielsweise im Mineralwassersegment einen Marktanteil zusammen von 50%, das ist gigantisch und Aldi und Lidl sind Discounter, die ausschließlich auf Einweg setzen, ausschließlich. Sie führen keine Mehrwegprodukte und das der Marktanteil beispielsweise im Wasserbereich von Einweg so hoch ist, das haben wir Lidl und Aldi zu verdanken. Das was dahinter steckt ist eine pure Marktverdrängungsstrategie und zwar verkaufen die für 1,5 Liter Mineralwasser in Einweg-PET-Verpackungen, verkaufen die für 19 Cent.

I: Ich wollte gerade sagen, ich glaube so um die 19, 20 Cent bezahlt man dort.

B: Genau. Diese Summen sind nur möglich, wenn sie enorme Massen vertreiben und in der Branche wird auch gemunkelt, dass diese Preise nur deshalb angeboten werden können, weil die Mineralwasser quer subventioniert werden in den Unternehmen selber. Das heißt, man schreibt erstmal rote Zahlen, allerdings baut man durch diese Dumpingstrategie die eigenen Marktanteile sukzessive aus, weil man ausschließlich über Preis verkauft und verdrängt dadurch andere Wettbewerber, also auch andere Einweganbieter aber vor allem Mehrweg, also Anbieter von Getränken in Mehrwegflaschen. Das ist der Grund, warum im Mineralwasserbereich die Mehrwegquote gefallen ist und viele angefangen haben, diese unglaublich billigen Mineralwässer zu kaufen, weil der Preis den Markt treibt.

I: Das ist auf jeden Fall schon einmal ein sehr interessanter Punkt, weil das war auch letzte Woche in meinem Vortrag nämlich ein Thema. Da kam dann auch die Diskussion auf, warum denn eben genau im Mineralwasserbereich die Quote so zurück gegangen ist und das liefert jetzt natürlich eine gute Erklärung dafür.

B: Genau, aber da sehen Sie eben auch, das sind Marktverdrängungsstrategie, die kann man gut finden, die kann man schlecht finden. Aber das ist eine marktwirtschaftliche Erklärung, die so ganz mit dem Einwegpfand gar nichts zu tun hat. Das Einwegpfand hat also wirklich nichts damit zu tun, inwieweit mehr Mehrwegflaschen oder weniger Mehrwegflaschen im Mineralwasserbereich verkauft werden. Also das hat teilweise sicherlich auch noch mit anderen Faktoren zu tun. Das beim Convenience Gedanken beispielsweise kleinere Flaschen im Wasserbereich, im Einweg-PET, auch überwiegend angeboten werden, auch

Einzelflaschen. Häufig wird Mehrweg in Kästen verkauft, wo dann ein Singlehaushalt sagen würde, naja so einen großen Kasten kaufe ich mir jetzt nicht, ich nehme lieber ein Sixpack. Diese Altersstruktur, viele Singlehaushalte und dieser Convenience Gedanke spielen natürlich auch eine Rolle, warum einige mehr zu Einweg als zu Mehrweg greifen. Da muss man sich im Mehrwegsegment natürlich auch ein bisschen was einfallen lassen, das man beispielsweise Mehrwegflaschen zunehmend auch in Sixpacks anbietet oder in kleineren Gebindeformaten.

I: Um sich eben auch den aktuellen demographischen Entwicklungen sag ich mal auch anzupassen.

B: Genau. Aber das sind eben die Gründe warum Mehrweg weiter zurück gegangen ist und warum Einweg reichlich an Marktanteil zugelegt hat. Aber eines darf man nicht verkennen, es hat zwar keine Stabilisierung der Mehrwegquoten und auch keine Erhöhung der Mehrwegquoten im Erfrischungsgetränkebereich und im Mineralwasserbereich gegeben. Im Vergleich zu Marktsegmenten, die von der Einwegpfandpflicht ausgenommen sind, wie beispielsweise Gemüse- und Obstsäfte und Nektar, dort haben wir momentan eine Mehrwegquote von 8%. Dort ist sozusagen das Mehrwegsystem schon komplett am Boden und der Mehrwegpool wird von den Betreibern, also die müssen ja auch immer wieder Flaschen, die verschleißen austauschen, kaum noch erneuert. Das heißt also der Mehrwegflaschenpool ist völlig am Boden. Und da sehen sie einfach auch den Unterschied, den sie noch haben, zwischen Mehrweg, in Bereichen wo es die Einwegpfandpflicht gibt, das es dort zumindest zu einer Verlangsamung des Rückganges von Mehrwegquoten geführt hat, wenn sie das vergleichen mit einem Getränkesegment, wo es kein Einwegpfand auf Einweggetränkeverpackungen gegeben hat, wie beispielsweise bei Fruchtsäften.

I: An der Stelle kann ich vielleicht gleich nochmal einhaken, weil das ist mir nicht ganz klar geworden bei der Literaturrecherche. Warum ist denn jetzt zum Beispiel auf Säfte wie Hohes C beispielsweise, warum wird da kein Pfand erhoben?

B: Ja also für den Verbraucher ist das natürlich völlig indiskutabel und auch nicht nachvollziehbar. Sie haben eine Flasche aus PET, eine unökologische Einweg-PET-Flasche, in der einen ist Cola und sie haben daneben die identische Flasche und in der ist Fruchtsaft. Keine von beiden Flaschen ist ökologischer als die andere, aber die eine ist bepfandet und die andere nicht. Das hat den Hintergrund das im Jahr 2003 Fruchtsäfte überwiegend in Tertrapacks verkauft worden sind und Tetrapacks sind vom Umweltbundesamt als ökologisch vorteilhafte Getränkeverpackungen eingestuft und ökologisch vorteilhafte Getränkeverpackungen sind von der Einwegpfandpflicht befreit. Und da man damals einen enorm hohen Marktanteil im Fruchtsaftbereich hatte an Tetrapacks, hat man gesagt macht es keinen Sinn, hier das Einwegpfand in diesem Getränkesegment einzuführen, weil die Marktanteile von ökologisch nachteiligen Getränkeverpackungen extrem gering waren. Bis heute hat sich das aber inzwischen deutlich gewandelt, Tetrapacks sind auch im Fruchtsaftbereich auf dem Rückzug, werden deutlich weniger verkauft und immer häufiger sieht man jetzt auch Fruchtsäfte in Einweg-PET-Flaschen.

I: Genau, ja.

B: Und das ist natürlich jetzt keinem mehr zu vermitteln, warum die eine Flasche bepfandet ist und die andere nicht. Das ist auch eine zentrale Forderung von der DUH, dass diese heute veraltete und nicht mehr nachvollziehbare Begründung nicht mehr dazu führen darf, dass das Getränkesegment Saft von der Einwegpfandpflicht ausgenommen ist, sondern diese Ausnahmeregelung muss sofort gestrichen werden.

I: Also liegt das einzig und allein an der damaligen Situation 2003 und das wurde bis heute nicht nochmal überarbeitet.

B: Genau. Also die Ausnahmeregelung muss gestrichen werden. Wo sie nach Schwächen gefragt haben, also damit hätten wir ja jetzt glaub ich mal das meiste zu den Vorteilen und zu den Mehrwegquoten abgehandelt. Also zu den Nachteilen, ich kann Ihnen eigentlich keine Nachteile nennen. Was vielleicht früher ein Nachteil war, aber das gibt es ja nicht mehr, das waren anfängliche Probleme beim Aufbau des Einwegpfandsystems, als es noch sogenannten Insellösungen gegeben hat.

I: Die die Abgabe für den Verbraucher dann erschwert haben.

B: Genau, seine Flaschen nur dort abgeben konnte, wo er sie gekauft hat. Das ist heute nicht mehr so. In der Verpackungsverordnung ist geregelt, dass sich solche Vertreiber von Einweggetränkeverpackungen, von unökologischen Einweggetränkeverpackungen, an einem bundesweiten Pfanderstattungssystem und –rücknahmesystem teilnehmen müssen. Das heißt also jeder der in einem Getränkemarkt seine Einweg-PET-Flasche kauft, kann dort auch seine bei Aldi gekauften Flaschen abgeben, das ist also heute gar kein Problem mehr. Insofern ist diese Schwäche behoben worden, das heißt also es ist relativ problemlos und verbraucherfreundlich, für den Verbraucher seine Sachen wieder zurück zu geben. Und heute, und das wäre vielleicht auch noch ein Punkt, früher war in Supermärkten das teilweise üblich, an der Kasse die Flaschen abzugeben. Die wurden dann in so großen Plastiksäcken und Pappkartons gesammelt. Das war nicht immer schön anzuschauen und hat halt teilweise eben auch lange an der Kasse gedauert, hat zu langen Schlangen geführt. Und heute ist es so, dass in den meisten Supermärkten Rücknahmeautomaten eingesetzt werden, die sind absolut hygienisch, da haben sie keine Probleme mit Gerüchen. Wenn es gute Infrarotscanner sind, die eingebaut sind, dann werden die Flaschen extrem schnell, innerhalb von einer Sekunde verarbeitet, insofern hat es also auch jetzt eine Entwicklung bei der Rücknahme von den Einwegpfandflaschen und Getränkedosen gegeben, also das hier die Verbraucherfreundlichkeit bei der Rückgabe auch gestiegen ist.

I: Dann denke ich die nächsten Fragen mit den Zielen und der Zielerreichung haben wir jetzt schon recht ausführlich besprochen. Vielleicht nochmal zurückkommend auf die Mehrwegquote. Sie haben ja jetzt gesagt, dass der Rückgang nicht unmittelbar mit der Einführung vom Einwegpfand zusammenhängt, aber trotzdem war das ja ein Ziel damals bei der Einführung. Kann man also mit den heutigen Zahlen sagen, dass dieses Ziel eben nicht erreicht werden konnte oder wie sehen Sie das?

B: Dieses Ziel wurde in der Gesamtheit nicht erreicht, weil die Bundesregierung hat sich heute noch das Ziel auf die Fahne geschrieben eben 80% ökologisch vorteilhafte Getränkeverpackungen zu verkaufen. Davon sind wir weit entfernt von dieser Quote, insgesamt ist die Mehrwegquote auf rund 40% gesunken und eine Stabilisierung hat, wie wir vorhin besprochen hatten, nur im Biersegment stattgefunden. Man kann aber zumindest sagen, wenn man von der Pfandpflicht befreite Getränkesegmente anguckt und solche wo es das Einwegpfand gibt, dass zumindest man davon ausgehen kann, dass der Rückgang von Mehrweg in Getränkesegmenten, die das Einwegpfand haben, verlangsamt worden ist. Im Vergleich zu solchen, wo man kein Einwegpfand hat.

I: Die Gründe hatten wir ja jetzt auch schon recht ausführlich besprochen. Vielleicht zum Punkt ökologische Aspekte. Bei der ersten Frage, dort war ja natürlich, das hatten wir auch vorhin schon mal angesprochen, ein Ziel Reduzierung der Umweltbelastungen, dazu würde ja eben diese sortenreine Erfassung zählen oder auch die Verringerung des Littering. Gibt es da noch andere Umweltaspekte, die damit beabsichtigt werden sollten?

B: Mit dem Einwegpfand?

I: Genau.

B: Also durch das Einwegpfand haben sie ja eine hohe Materialqualität und das führt dazu, dass das Einwegpfand ein, zumindest zu einem bestimmten Bruchteil, ein bottle-to-bottle-Recycling ermöglicht. Das heißt also, dass sie das Material aus der Pfandsammlung zu einem bestimmten Bruchteil zur Herstellung neuer Einweg-PET-Flaschen verwenden können. Über andere Sammelsysteme wie die haushaltsnahe Wertstoffsammlung können Sie kein bottle-to-bottle-Recycling durchführen. Insofern hat das natürlich auch oder senkt das natürlich auch die Umweltauswirkungen von Einweg-PET-Flaschen. Allerdings haben Sie beim Einsatz von Neugranulat, von recyceltem Granulat für neue PET-Flaschen, technische Restriktionen. Weil wenn Sie beispielsweise mehr als 30% Regranulat einsetzen, bekommt ihre PET-Flasche einen Gelbstich und es kann auch dann zu Materialinstabilitäten kommen. Das heißt also sie können, selbst wenn sie hoch qualitatives Material haben, einen bestimmten Prozentsatz an Regranulat für neue Flaschen verwenden. Aber nichts desto trotz ermöglicht die Einwegpfandsammlung das bottle-to-bottle-Recycling und das Einsetzen von recyceltem Granulat. Und das ist nur durch die Einwegpfandsammlung möglich. Insofern hat das auch nochmal einen positiven Umwelteffekt, in der Gesamtbetrachtung führt es aber immer noch nicht dazu, dass Einweggetränkeverpackungen als ökologisch anzusehen sind.

I: Damit würden wir auch schon auf die nächste Frage zu sprechen kommen. Natürlich ist Mehrweg umweltfreundlicher als Einweg. Vielleicht können Sie nochmal kurz beschreiben, in welcher Hinsicht, also was sind dabei die wesentlichen Aspekte?

B: Es gab hierzu in den letzten Jahren jede Menge Ökobilanzen, die von der Einwegindustrie in Auftrag gegeben worden sind. Und wesentliche Faktoren beim Vergleich spielen natürlich die Transportentfernungen und da gibt es natürlich einen ganz erheblichen Unterschied. Und das ist ein systembedingter Unterschied. Mehrweg funktioniert überwiegend in regionalen Kreisläufen, was sie eben auch an der Anzahl abfüllender Unternehmen erkennen können im Mehrwegbereich. Im Mehrwegbereich haben sie rund 1200 Brauereien, Mineralbrunnen und Fruchtsaftabfüller, die Mehrweg abfüllen. Und die Aufteilung dieser Betriebe bundesweit führt dazu, dass der Verkauf dieser Produkte überwiegend im Umkreis der Unternehmen stattfindet, überwiegend. Natürlich gibt es auch bundesweite Marken, beispielsweise wie

Anhang 2

Becks oder Hasseröder oder Radeberger, die auch mal woanders getrunken werden. Allerdings ist es so, dass auch solche Marken überwiegend in den regionalen überschaubaren Kreisen getrunken werden. Nehmen wir zum Beispiel Flensburger, Flensburger wird oder Veltins, Veltins wird zu 70% innerhalb eines Umkreises von 100 Kilometern um die Brauerei getrunken und das läuft unter ferner Liefen beispielweise in München. In München haben sie dagegen eben ganz besonders viel helles Bier und Weizenbier, was im Vergleich dazu im Norden nicht getrunken wird. Also insofern ist es auf Grund der vielen Unternehmen, der vielen Mehrwegabfüller, schon systembedingt so, dass der Absatz überwiegend regional erfolgt und deshalb die Transportdistanzen im Vergleich zu Einweggetränkeverpackungen, also Einweg-PET-Flaschen und Getränkedosen deutlich größer ist, weil dort haben sie, was die Anzahl der Abfüller angeht, deutlich weniger. Alleine wenn sie sich mal überlegen Aldi und Lidl haben zentrale Abfüller, die haben weniger Abfüllanlagen, die haben ihre Eigenmarken und die werden in einer Quelle abgefüllt. Und von dieser einen Quelle werden alle Lidl- und alle Aldi-Filialen bundesweit beliefert. Und da können sie sich sicher vorstellen, dass dieser Transport, dieser zentralisierte Transport deutlich längere Transportwege zur Folge hat als bei Mehrwegprodukten, die überwiegend regional vertrieben werden. Also das ist ein großer Unterschied zwischen Mehrweg und Einweg, der dann natürlich auch einen entscheidenden Einfluss hat auf die Transportdistanzen und auf die Umweltauswirkungen, die dadurch entstehen.

I: Genau die Umweltbelastungen.

B: Genau. Richtig ist natürlich auch, dass Mehrwegflaschen deutlich schwerer sind, das ist vollkommen klar. Allerdings wird das wieder dadurch aufgehoben, weil die Transportentfernungen a) deutlich geringer sind als bei Einweg und sie haben natürlich das Problem, dass sie bei Einwegmaterialien für jede Nutzung eine neue Flasche produzieren müssen. Natürlich können Sie die Umweltauswirkungen abmildern, indem sie eben einen bestimmten Recyclateinsatz haben. Aber auch das Recyclat und die Sammlung des Recyclates und die Verarbeitung und die Flaschenherstellung führen zu Umweltauswirkungen. Das heißt also in der Gesamtbetrachtung hat, trotz eines Recyclatanteiles, ist die Umweltauswirkung deutlich negativ, weil sie für die Abfüllung eines Liters dann eben wieder eine neue Flasche brauchen und die Umweltauswirkungen können nur abgemildert werden, aber dadurch gibt es eben immer noch Umweltauswirkungen, die nicht sein müssten wenn man keine neue Flasche herstellen würde. Insofern ist dieses System von Einwegflaschen optimiert worden und auch bei Getränkedosen, Getränkedosen sind auch dünnwandiger geworden, sind leichter geworden, aber deshalb sind sie noch lange keine ökologische Getränkeverpackung. Und es ist so, Getränkedosen und Einweg-PET-Flaschen sind vom Umweltbundesamt immer noch als unökologische Getränkeverpackungen eingestuft und Mehrweg als ökologisch vorteilhafte Getränkeverpackung. Insofern lässt sich darüber auch nicht diskutieren. Es gibt momentan, da sitzt die DUH auch im Begleitkreis, eine Aktualisierung der Ökobilanzen von Getränkeverpackungen, die durch das Umweltbundesamt durchgeführt wird. Und die Ergebnisse werden wahrscheinlich 2014 veröffentlicht werden und da wird aber an einer Aktualisierung der Ökobilanzen gearbeitet, was aber jetzt schon wahrscheinlich voraussehbar ist, ist zwar, dass die Umweltauswirkungen verringert worden sind von bestimmten

Anhang 2

Einwegverpackungen, aber das ja deren Einstufung als unökologisch höchstwahrscheinlich beibehalten bleibt.

I: An der Stelle können wir vielleicht nochmal kurz über den genauen Unterschied zwischen eben ökologisch verträglichen und ökologisch unverträglichen oder nachteiligen Getränkeverpackungen sprechen. Können Sie da vielleicht nochmal den Unterschied klar herausstellen?

B: Es gibt vom Umweltbundesamt keine genaue Definition was ist ökologisch vorteilhaft und was ist nicht ökologisch vorteilhaft.

I: Eben, genau das war ja auch mein Problem bei der Recherche.

B: Also die Definition gibt es per se nicht, das ist keine Festlegung. Aber sie müssten dann natürlich mal in Detail gehen und es gibt wahnsinnig viele Ökobilanzen, die wurden jetzt alle zusammengetragen, die es im Getränkebereich gibt für unterschiedliche Verpackungssysteme, Getränkeverpackungssysteme. Und da bekommen sie einen Vergleich. Also es gibt 14 Standardindikatoren, die als Umweltbewertungskriterien herangezogen werden, das ist von der Klimabelastung, also CO^2 Äquivalente die entstehen, über den Prozesswasserverbrauch, über Eutrophierung, Versauerung von Böden und ähnliche Sachen oder Humantoxidität. Das sind unterschiedliche Bewertungskriterien, die Standard sind inzwischen und in vielen vorliegenden Ökobilanzen wurden eben diese Standardumweltbewertungskriterien für bestimmte Getränkeverpackungen errechnet und miteinander verglichen. Und aufgrund dieser Erkenntnisse können sie eine Einschätzung vornehmen, inwieweit welche Getränkeverpackung im Vergleich ökologisch vorteilhaft und welche ökologisch nachteilig ist. In den meisten Umweltbewertungskriterien schneiden PET-Flaschen und Getränkedosen und natürlich auch Einwegglasflaschen deutlich schlechter ab als Mehrwegflaschen, Mehrwegglasflaschen. Aber was die Ökobilanzen angeht, sind PET-Mehrwegflaschen sogar noch einen Tick besser als Mehrwegglasflaschen.

I: In dem Zusammenhang gleich noch die Frage, warum ist denn gerade das Tetrapack als ökologisch vorteilhaft oder allgemein die Getränkekartonverpackung als ökologisch vorteilhaft eingestuft?

B: Ja das wüssten wir auch gerne. Also wir von der DUH setzen uns dafür ein, dass Getränkekartons der Einwegpfandpflicht unterliegen, dass diese Ausnahmeregelung gestrichen wird, weil wir Getränkekartons für nicht ökologisch vorteilhaft halten.

I: Ja eben, das war nämlich eigentlich auch meine Einschätzung.

B: Ja das hat mit bestimmten Entwicklungen zu tun. Es ist erstmal a) eine Einweggetränkeverpackung, das heißt also auch hier brauchen sie für Abfüllung jedes Liters auch eine neue Verpackung. Das ist erstmal generell das Problem. Damals wurde die Einschätzung als ökologisch vorteilhaft vorgenommen, weil der überwiegende Teil aus nachwachsenden Rohstoffen hergestellt wurde und weil man damals schon auch einen sehr hohen Recyclinganteil gehabt hat, an Papier, der verwendet werden kann. Und weil Papier per se relativ problemlos erfasst und recycelt werden kann. Und man hat damals gesagt,

Anhang 2

Getränkekartons werden nur unter bestimmten Voraussetzungen als ökologisch vorteilhaft eingestuft und zwar, solange der Papieranteil hoch bleibt, der Zellstoffanteil, solange Getränkekartons leichter werden und solange der Aluminiumanteil in Getränkekartons recycelt wird. Das waren entscheidende Voraussetzungen. Die Situation heute sieht anders aus. Getränkekartons sind deutlich schwerer geworden als früher, das hat unter anderem damit zu tun das, ich weiß nicht ob sie das noch kennen, vor 15 Jahren oder auch 10 Jahren gab es keine Ausgusshilfen.

I: Ja das stimmt.

B: Die mussten sie an der Seite aufschneiden oder aufreißen und das hat sich komplett verändert. Heute finden sie so gut wie gar keine Tetrapacks mehr ohne Ausgusshilfe, teilweise sind die extrem langstielig und teilweise haben sie ja, zum Beispiel bei Landliebe kenn ich das, das hab ich im Supermarkt gesehen, haben sie teilweise den kompletten Standboden und den Schraubverschluss und die Oberkante komplett aus Plastik. Teilweise sind das auch schon so eine Art Plastikflaschen, die mit verschiedenen Faserschichten ummantelt sind. Das heißt also tendenziell ist der Plastikanteil gestiegen und der Zellstoffanteil gesunken, was die Verpackung unökologischer macht und eine ganze Zeit lang war es in Deutschland auch so, dass Aluminium aus Getränkekartons nicht recycelt wurde. Und das sind einfach Gründe, die dafür sprechen Getränkekartons als nicht ökologisch vorteilhaft einzustufen und eine Grundbedingung war auch noch eine Recyclingquote von 60%, mindestens 60%. Und der Verband der Kartonindustrie FKN kommuniziert immer eine 60%ige Recyclingquote, das ist aber vollkommener Quatsch. Unsere Berechnungen haben ergeben, dass Getränkekartons lediglich zu 35% recycelt werden.

I: Also nur knapp die Hälfte.

B: Naja ein Drittel fast nur.

I: 60 haben Sie gesagt, ja?

B: Ja genau. Also die anderen sagen 60% und wir sagen 35%. Und ich kann Ihnen auch den Unterschied ganz genau erklären. Sie müssen natürlich, wenn Sie eine prozentuale Quote errechnen, müssen Sie natürlich genau betrachten, worauf bezieht sich diese prozentuale Quote. Die Quote von FKN, die Recyclingquote, die bezieht sich auf die Menge, die im gelben Sack gesammelt wird. Das heißt also 60% der im gelben Sack gesammelten Getränkekartons werden also recycelt. Das entspricht aber nicht 60% an den in Verkehr gebrachten Getränkekartons. Weil nicht alle Getränkekartons, die in Verkehr gebracht werden, landen auch im gelben Sack. Und deshalb bezieht sich diese Recyclingquote ausschließlich auf den gelben Sack, auf die Erfassung im gelben Sack und ist damit nicht repräsentativ für die in Verkehr gebrachte Menge. Zudem muss man ja auch noch berücksichtigen, es gibt immer Restinhalte in Getränkekartons und die Recyclingquote von Getränkekartons wird ermittelt über Gewicht, über Gewichtsmessungen. Und damit werden die Restinhaltsstoffe in die Recyclingquoten mit eingerechnet. Diese Korrekturfaktoren die es geben müsste werden nicht berücksichtigt und die sind teilweise enorm. Wenn sie beispielweise Restanhaftungen haben in einem Tetrapack wo Apfelmus drin war, möchte ich mal denjenigen sehen, der das Ding aufschneidet und komplett auskratzt, das machen nicht viele und dann haben sie aber teilweise Restinhaltsstoffe, die das Eigengewicht des Kartons fast übersteigen. Auch diese langstieligen Ausgusshilfen bei Säften verhindern, dass sie den Saft ganz ausschütten können, da bleiben immer Reste drin. Wenn sie das zusammen summieren, dann haben sie wieder eine schöne Gewichtsquote, die sie abziehen müssten, das tut aber FKN nicht. Insofern beziehen wir unsere Recyclingquote von 35% auf die gesamt in Verkehr gebrachten Getränkekartons und berücksichtigen eben auch dabei, dass da noch Restinhaltsstoffe drin sind, die auch abgezogen werden müssen. Und dann gibt es noch einen Korrekturfaktor von 1-2%, der vorgenommen werden müsste, weil wenn Getränkekartons im gelben Sack landen, dann zieht der Zellstoffanteil Feuchtigkeit aus beispielsweise Joghurtbechern, die dort reingeschmissen werden. Und diese Feuchtigkeit, die hat auch ein Eigengewicht.

I: Eben und die macht die Verpackung dann wieder schwerer.

B: Genau und dadurch steigt theoretisch die Recyclingquote. Also das ist wirklich Nonsens wie der FKN seine Recyclingquote ermittelt. Deshalb sagen wir auch, die Recyclingquote die vorgegeben ist von 60% wird überhaupt nicht erreicht und deshalb sind Getränkekartons als unökologische Getränkeverpackungen einzustufen.

I: Ok. Vielleicht abschließend nochmal zu dieser Zielquote von 80%. Die konnte ja nun nicht erreicht werden und es sieht ja auch in naher Zukunft nicht so aus, als würde sie so leicht erreicht werden können. Gibt es da schon Alternativen, die sich überlegt wurden oder vielleicht neue Strategien, um eben diese Mehrwegquote in Zukunft trotzdem weiter voranzutreiben?

B: Ja da gibt es Strategien. Ich hatte Ihnen glaube ich auch die Stellungnahme der Mehrwegallianz zugeschickt, wo eben ganz bestimmte Forderungen drin stehen, die durchgeführt werden müssten, um Mehrweg zu stärken und Mehrweg wieder zu pushen, um zumindest in die Richtung der 80% zu kommen. Eine Maßnahme müsste sein, die ist momentan in der Ressortabstimmung im Bundesumweltministerium, eine Kennzeichnungsverordnung.

I: Genau weil ja auch immer wieder das Problem angesprochen wird, dass der Verbraucher eben nicht eindeutig zwischen Mehrweg und Einweg unterscheiden kann.

B: Absolut nicht. Vor 2003, vor der Einführung der Einwegpfandpflicht, ist es ja so gewesen, dass Pfand das Alleinerkennungsmerkmal für Mehrweg war und Einweggetränkeverpackungen ja unbepfandet waren. Es gab eine aktuelle Umfrage, ich glaube von Greenpeace, was ergeben hat, dass immer noch 50% der Deutschen glauben, auch unglaublich noch 10 Jahre nach der Einführung der Einwegpfandpflicht, das Pfand gleichzusetzen ist mit Mehrwegflaschen, sie wissen nicht das es ein Einwegpfand gibt. Und theoretisch müsste man es so machen, dass auf Einweggetränkeverpackungen Einweg in Versalien stehen muss und auf Mehrweg Mehrweg. Dadurch hat zumindest der Verbraucher die Möglichkeit, eine selbstbestimmte Kaufentscheidung zu treffen, auch die Möglichkeit eine ökologische Kaufentscheidung zu treffen, wenn er es denn will. Weil er bis jetzt nicht in der Lage ist, Einweg und Mehrweg voneinander zu unterscheiden. Die meisten glauben eben auch, wenn sie ihre Einwegflasche am Automaten zurück geben, dass die Flasche wiederbefüllt wird.

Anhang 2

Selbst wenn die hören, dass die Flaschen hinten zerdrückt und zerknittert werden und platt gedrückt werden, glauben immer noch viele, dass die Flaschen widerbefüllt werden. Also es ist enorm wichtig auf den Produkten selber gut erkennbar zu machen, Einweg ist Einweg und Mehrweg ist Mehrweg. Ein Punkt. Und die Kennzeichnungsverordnung, die von Altmaier jetzt durchgedrückt werden soll ist insofern nicht ganz optimal, weil die Kennzeichnung an den Verkaufsregalen vorgenommen werden soll und nicht auf den Produkten selber.

I: Und sehen Sie dann die Möglichkeit darin, dass eben wenn die Produkte gekennzeichnet werden, dass dadurch auch eine Steigerung der Mehrwegquote erreicht werden kann?

B: Ja, davon gehen wir fest aus, dass dadurch die Mehrwegquote gesteigert werden kann, allerdings nur in einem bestimmten Maße. Das wird natürlich nicht dazu führen, dass die Mehrwegquote sofort in die Höhe schnellen wird. Dazu ist einfach auch die Lenkungswirkung, die das Einwegpfand gehabt hat, eben zu wenig gegeben. Die Kennzeichnung ist ein Punkt, aber noch wichtiger ist eigentlich eine Lenkungswirkung zu erzeugen in Richtung Mehrwegverpackung und da sprechen wir uns auch, damit es also eine Lenkungswirkung gibt, für die Erhebung einer sogenannten Klimaschutzabgabe oder Lenkungsabgabe auf unökologische Getränkeverpackungen in Höhe von 20 Cent pro Verpackung. Das würde dazu führen, dass Einweggetränkeverpackungen insoweit verteuert werden würden, dass viele Mehrwegprodukte zumindest preislich wieder konkurrenzfähig wären. Das hebelt sozusagen diese Niedrigpreisstrategie von Aldi und Lidl aus und würde im Gegensatz zu einem Pfand, was sie wieder ausgezahlt bekommen, dazu führen, dass das eine Lenkungswirkung ganz sicher entfalten würde.

I: Also das würde der Verbraucher sozusagen beim Kauf drauf bezahlen und anschließend aber auch nicht wieder zurück erstattet bekommen?

B: Genau. Also es würde eine Abgabe sein und keine Steuer. Eine Abgabe verhindert, dass Geld zum Beispiel für die Sanierung des maroden Bundeshaushaltes oder Landeshaushaltes oder was auch immer verwendet werden würde, sondern diese Abgabe würde gezielt eingesetzt werden beispielsweise um den Mehrwegflaschenpool zu erneuern und aufzubauen. Gerade im Fruchtsaftbereich ist das ein Problem. Wenn sie eine Mehrwegquote haben, die extrem gefallen ist und der Trend geht weiter nach unten, dann haben sie natürlich als Abfüller eine schwierige Ausgangssituation Investitionen zu tätigen in einem neuen Mehrwegpool, also Mehrwegpoolflaschen die muss ja jemand bezahlen bei der Herstellung. Weil sie können ja keine Investitionen tätigen in etwas, was keine Zukunft hat. Das heißt also, so kommen sie ja nicht an Kredit und so investiert ja auch keiner. Und das wäre die Möglichkeit Mehrweg zu fördern durch eine entsprechende Abgabe, die gleichzeitig dazu führt, das Einweggetränkeverpackungen ökonomisch benachteiligt werden.

I: Und diese Regelung ist derzeit in der Diskussion oder wie weit ist die schon vorangeschritten, diese Idee?

B: Es gab vom IFA Institut 2011 eine Evaluierung der Pfandpflicht und darin wird die Lenkungsabgabe auf unökologische Getränkeverpackungen als ein geeignetes Instrument für die Stärkung der Mehrwegquote eingestuft. Allerdings ist diese Lenkungsabgabe ganz sicher politisch schwierig durchsetzbar und auch wenig opportun für Politiker. Alles was zu einer

Mehrbelastung der Verbraucher führt, führt ganz sicher nicht zu Jubelschreien. Und deshalb wird es von der schwarz-gelben Bundesregierung, obwohl die sich in ihrem Koalitionsvertrag für die 80% Quote von MövE-Verpackungen eingesetzt hat, trotzdem abgelehnt. Also unter schwarz-gelb wird es das definitiv nicht geben. Die Grünen machen sich für eine entsprechende Lenkungsabgabe stark, aber das wird sicherlich, falls es überhaupt kommt, noch erhebliche politische Lobbyarbeit erforderlich machen.

I: Dann vielleicht noch als letzte Frage, ich habe im Rahmen meiner Forschungsarbeit auch eine kleinere Erhebung gemacht und zwar mit lediglich nur 18 Probanden, die Pfandtagebücher geführt haben. Und dabei bin ich auch zu dem Ergebnis gekommen, dass bei meinen Probanden verstärkt die jüngeren zu Einweg gegriffen haben und vor allem ältere und auch größere Haushalte verstärkt zu Mehrweg. Ist es da vielleicht sinnvoll, wenn man jetzt über Aufklärungskampagnen nachdenkt, dass man bei dieser jüngeren Altersgruppe speziell ansetzt oder haben Sie da andere Erfahrungen gemacht?

B: Absolut, absolut. Da geb ich Ihnen vollkommen Recht. Vor allem jüngere Leute, an die sollte man heran treten und versuchen ihnen wirklich frühzeitig auch beizubringen, was ökologisch vorteilhaft ist und was nicht ökologisch vorteilhaft ist. Viele machen sich darüber gar keine Gedanken, viele wissen das auch gar nicht, weil sie darüber gar nicht nachgedacht haben und alles für sie selbstverständlich ist, wenn sie in den Discounter gehen zu Einweg zu greifen, weil es dort nur Einwegflaschen gibt. Insofern muss natürlich auch Aufklärungsarbeit betrieben werden und das machen wir ja als Deutsche Umwelthilfe beispielsweise auch mit unserer Verbraucherinformationskampagne Mehrweg ist Klimaschutz. Aber natürlich können wir als Umwelt- und Verbraucherschutzverband nicht die Arbeit der Bundesregierung oder des Bundesumweltministeriums übernehmen, die hier auch in der Pflicht sind mal eine vernünftige Informationskampagne zu dem Thema auch auf die Beine zu stellen. Das wurde immer angekündigt, aber nie durchgeführt. Das ist natürlich auch eine Forderung. Also da muss man natürlich auch die Leute darüber informieren, dass es nicht ressourcenschonend und umweltfreundlich ist zu Einweggetränkeverpackungen zu greifen und das müsste man auch verstärkt angehen. Und eine weitere Forderung ist natürlich auch, das haben wir vorhin kurz angekratzt, solche Bereiche, Getränkesegmente, die von der Einwegpfandpflicht ausgenommen sind, zu streichen. Also Ausnahmeregelungen für Fruchtsäfte müssen gestrichen werden. Weil das führt auch letztendlich dazu, dort wo sie kein Einwegpfand haben, das fleißig Einweg gekauft wird, Einweg gekauft wird und das diese Materialien häufig auch weggeschmissen werden. Das was sie an gelitterten Flaschen sehen, das sind meistens auch solche Sachen. Insofern müssen diese Ausnahmen auch noch gestrichen werden. Es muss nicht heißen, dass die Mehrwegquote dadurch erhöht wird, dass kann aber möglicherweise zu einer Verlangsamung des Rückganges führen.

I: Gut, also könnte man zusammenfassend nochmal festhalten, dass Sie die Einführung der Einwegpfandpflicht vor allem aus ökologischer Sicht schon als sinnvoll und auch als zielführend beschreiben würden?

B: Absolut, das Einwegpfand ist ein voller Erfolg gewesen. Und jeder der das reduziert, darauf, dass die Stabilisierung der Mehrwegquoten nur teilweise erfolgt ist, der verkennt alle anderen ökologischen Ziele, der erreicht worden sind.

Anhang 2

I: Ja sehr schön, vielen Dank. Dann bedanke ich mich recht herzlich, dass Sie sich Zeit genommen haben für das Interview. Das hat mir auf jeden Fall weiter geholfen, jetzt habe ich doch nochmal einen tieferen Einblick bekommen in manche Sachen, die ich aus der Literatur nicht so eindeutig herausarbeiten konnte und kann da dann jetzt mit meiner Arbeit weiter fortsetzen.

B: Ich hoffe Ihnen geholfen zu haben und ja wünsche Ihnen auch noch viel Erfolg mit Ihrer Arbeit.

I: Ja vielen Dank.

B: Alles klar.

I: Einen schönen Tag noch.

B: Ihnen auch. Tschüss.

I: Tschüss.

Anhang 3

Schriftliches Interview mit dem Bundesministerium für Umwelt, Naturschutz und Reaktorsicherheit

- 22.01.2013 -

I: Interviewer (Tina Geitz)

B: Befragter (BMU)

I: Zunächst möchte ich meine Person und mein Forschungsvorhaben kurz vorstellen. Mein Name ist Tina Geitz, ich bin Masterstudentin im Fachbereich Humangeographie an der Friedrich-Schiller-Universität Jena. Im Rahmen des Seminars Abfallwirtschaften beschäftigte ich mich derzeit mit dem Einwegpfandsystem in Deutschland. Mein zentrales Forschungsanliegen widmet sich der Frage, welchen Beitrag das Einwegpfand zur Stärkung der Mehrwegsysteme leisten konnte. Um dieser Frage auf den Grund zu gehen, möchte ich nun mit Ihnen, als Vertreter des Bundesministeriums für Umwelt, Naturschutz und Reaktorsicherheit, ein schriftliches Interview zu diesem Thema durchführen.
In der Literatur und der Presse finden sich sehr kontroverse Meinungen zum Sinn und Zweck eines Einwegpfandsystems in Deutschland. Wie stehen Sie dazu?

B: Die Pfandpflicht für ökologisch nicht vorteilhafte Einweggetränkeverpackungen verfolgt insbesondere drei Ziele: (a) die Reduzierung der wilden Entsorgung von Getränkeverpackungen (Littering), (b) die Generierung sortenreiner Stoffströme (Ressourceneffizienz) und (c) die Stärkung des Anteils von in Mehrwegverpackungen abgefüllten Getränken (Mehrwegförderung).

I: Worin sehen Sie die Stärken und die Schwächen dieses Systems?

B: Die Stärke des Pfandsystems liegt insbesondere darin, alle drei genannten Ziele gleichzeitig zu adressieren, was mit anderen Instrumenten nur bedingt möglich wäre. Eine Schwäche liegt demgegenüber darin, dass das Pfand Preisanreize bei Einweg nicht kompensieren kann.

I: Welche Ziele wurden Ihrer Meinung nach mit der Einführung des Einwegpfandsystems verfolgt und welche davon konnten bereits bis zum heutigen Zeitpunkt erreicht werden?

B: [Siehe Frage 1.1] Die Einführung der Pfandpflicht hat erhebliche Fortschritte in den Bereichen Littering und Ressourceneffizienz bewirkt. Die Vermüllung von Städten und Landschaft mit Getränkeverpackungen wurde deutlich reduziert. Sortenrein erfasste PET-Gebinde erzielen positive Marktpreise und sind ein begehrtes Ausgangsmaterial für die Herstellung von PET-Recyclaten.

Anhang 3

I: Als ein wesentliches Ziel der Einwegpfandpflicht galt die Stärkung der Mehrwegquote und einen stärkeren Kaufanreiz für Mehrwegprodukte zu schaffen. Denken Sie, dass dieses Ziel erreicht werden konnte?

B: Das Ziel wurde teilweise erreicht. Im Bereich von Bier und Biermischgetränken konnte eine dauerhafte Stabilisierung des Mehrweganteils erreicht werden; im Jahr 2010 lag er bei 88,2 Prozent, nachdem er vor Einführung der Pfandpflicht auf rund 68 Prozent gefallen war. Bei Mineralwasser und Erfrischungsgetränken ist der Mehrweganteil nach einem vorübergehenden Anstieg hingegen wieder rückläufig. Aus abfallpolitischer Sicht steht der Rückgang des Mehrweganteils dem Ziel der Abfallvermeidung eindeutig entgegen. Insgesamt ist die Verringerung des Anteils von Mehrweg- und ökologisch vorteilhaften Einweggetränkeverpackungen aus ökologischer Sicht nach wie vor als nachteilig anzusehen.

I: Derzeit sind ein stetiger Rückgang der Mehrwegquote und ein verstärkter Kauf von Einwegprodukten zu verzeichnen. Kann man also sagen, dass das ursprüngliche Ziel dieses Systems verfehlt bzw. nicht erreicht wurde?

B: [Siehe Frage 2.2] Das Ziel der Mehrwegförderung wurde im Getränkesegment Bier / Biermischgetränke eindeutig erreicht. Im Bereich Erfrischungsgetränke und Mineralwässer ist hingegen eine Überkompensierung der Lenkungseffekte der Pfandpflicht durch andere Faktoren zu erkennen. Zu nennen ist hier beispielsweise die Preispolitik von Teilen des Lebensmitteleinzelhandels. Daneben kommt nach Erkenntnissen der bifa-Studie zur Evaluierung der Pfandpflicht insbesondere der mangelhaften Unterscheidbarkeit von Ein- und Mehrweggetränkeverpackungen besondere Bedeutung bei der Entwicklung des Mehrweganteils zu. Bei einer Beurteilung der Zielerreichung muss jedoch auch festgestellt werden, dass der Mehrweganteil in anderen Staaten, die keine Pfandpflicht eingeführt haben, in den vergangenen Jahren deutlicher gesunken ist als in Deutschland.

I: Es wurde davon gesprochen, dass eine Förderung der Mehrwegsysteme zu einer Reduzierung der Umweltbelastungen führen würde. Inwiefern ist dies der Fall?

B: Der Einsatz von Mehrwegverpackungen ist ein Beitrag zur Abfallvermeidung und schon allein unter diesem Aspekt der Verwendung von Einwegverpackungen grundsätzlich vorzuziehen. Daneben hat die Pfandpflicht aber auch ökologische Innovationen im Einwegbereich ausgelöst. Es ist davon auszugehen, dass diese Entwicklung die negativen ökologischen Effekte des Rückgangs der Anteile von in Mehrweg- oder ökologisch vorteilhaften Einweggetränkeverpackungen abgefüllten Getränken verringert hat.

I: Halten Sie Mehrweggetränkeverpackungen für umweltfreundlicher als Einweggetränkeverpackungen und wenn ja, in welcher Hinsicht?

Anhang 3

B: In den gängigen Konsumsituationen sind Mehrweg- gegenüber den meisten Einweggetränkeverpackungen nach wie vor ökologisch vorzuziehen. Nur unter bestimmten Randbedingungen konnten neuere ökobilanzielle Studien für ganz bestimmte Einweggetränkeverpackungen eine ökologische Gleichwertigkeit mit Glas-Mehrweg herausarbeiten. PET-Mehrweg ist aber nach wie vor deutlich überlegen.

I: Mit der dritten Änderung der Verpackungsverordnung vom 24.05.2005 wurde die angestrebte Mehrwegquote von mindestens 80% auch auf ökologisch vorteilhafte Einwegpfandverpackungen erweitert. Was ist unter ökologisch verträglichen Getränkeverpackungen zu verstehen? Inwiefern grenzen sich diese von ökologisch nachteiligen Einwegverpackungen ab?

B: Die Verpackungsverordnung definiert in § 3 Absatz 4 eine abschließende Liste von sogenannten „ökologisch vorteilhaften Getränkeverpackungen". Die Liste wurde vom Verordnungsgeber auf Grundlage ökobilanzieller Untersuchungen des Umweltbundesamtes zusammengestellt und enthält Einweggetränkeverpackungen, die ohne Bepfandung vergleichbare ökologische Ergebnisse erzielen wie die marktgängigste Mehrweggetränkeverpackung. Es handelt sich insoweit aber nicht um ein besonderes Gütesiegel sondern lediglich um einen Rechtsbegriff zur Abgrenzung von pfandpflichtigen und nicht pfandpflichtigen Einweggetränkeverpackungen.

I: Weiterhin wurde mit der Einführung des Einwegpfandes eine erhöhte Rücklaufquote und somit eine Verringerung des „Littering" angestrebt. Sind in dieser Hinsicht bereits Erfolge zu verzeichnen?

B: [Siehe Frage 2.1] Ja.

I: Durch ein Mehrphasensystem entstehen zusätzliche Umweltbelastungen, da grundsätzlich auf allen betroffenen Distributionsstufen eine Rücknahme- und Verwertungspflicht besteht, was zur Folge haben kann, dass die gebrauchten Getränkeverpackungen vom Endverkäufer über jede vorgelagerte Distributionsstufe zurückgeführt werden müssten. Warum hat man sich dennoch für ein Mehrphasensystem entschieden?

B: Die Verpackungsverordnung orientiert sich hinsichtlich der Rücknahme- und Pfanderstattungspflicht für Einweggetränkeverpackungen an der Struktur von Vertrieb und Pfanderhebung. Hieraus ergibt sich regelungstechnisch ein in sich geschlossenes und übersichtlich strukturiertes System. In der Praxis ist es Aufgabe der Wirtschaftsbeteiligten, diese Vorgabe in geeigneter Form auszugestalten. So erfolgen gegenwärtig weder Rücknahme noch Pfanderstattung in einem Mehrphasensystem. Die zurückgenommenen Einweggetränkeverpackungen werden vom Letztvertreiber unmittelbar der Verwertung zugeführt, der auch seinen Pfanderstattungsanspruch unmittelbar mit den Pfandkontoführern des DPG-Systems abrechnet.

Anhang 3

I: Die Zielquote von mindestens 80% an Mehrweg- und ökologisch verträglichen Einwegprodukten konnte bis zum heutigen Tag nicht erreicht werden. Wie gestaltet sich nun das zukünftige Vorhaben, um diese Quote zu erreichen oder wird sie in den kommenden Jahren wieder heruntergesetzt?
B: Das in der Verpackungsverordnung angestrebte Ziel von 80 Prozent in Mehr- weg- und ökologisch vorteilhaften Einweggetränkeverpackungen abgefüllten Getränken macht den hohen Stellenwert deutlich, den der Verordnungsgeber der Förderung ökologisch vorteilhafter Getränkeverpackungen beimisst. Die Zielsetzung ist jedoch nicht als verbindliche Quotenvorgabe zu verstehen, die zu einem bestimmten Zeitpunkt zu erreichen wäre.

I: Auch aus ökonomischer Sicht ist eine Abschaffung des Einwegpfandsystems undenkbar, da enorme Systemaustrittskosten entstehen würden. Somit muss es andere Steuerungsinstrumente geben, um das Pfandsystem zu stärken. Welche Lenkungsinstrumente sind denkbar, um die Nachhaltigkeit und Umweltfreundlichkeit weiterhin zu fördern?

B: Die Bundesregierung teilt die Auffassung der bifa Umweltinstitut GmbH, dass zusätzliche Maßnahmen zur Förderung ökologisch vorteilhafter Getränkeverpackungen sinnvoll sind. Die Bundesregierung hält insbesondere an der Absicht fest, die Transparenz für Verbraucherinnen und Verbraucher durch eine Hinweispflicht für Einweg- und Mehrweggetränkeverpackungen zu verbessern. Einen entsprechenden Verordnungsentwurf hat das Bundesumweltministerium Ende November 2012 vorgelegt. Im Übrigen teilt die Bundesregierung die Einschätzung der bifa-Studie, wonach eine Lenkungsabgabe im Ergebnis kein geeignetes Mittel darstellen würde. Gegen eine Abgabe spricht sowohl die fehlende Akzeptanz in der Bevölkerung als auch die Schwierigkeit, eine über alle Getränkesegmente hinweg taugliche und der Marktentwicklung angepasste Abgabenhöhe zu bestimmen, die Lenkungswirkung entfaltet ohne zugleich Erdrosselungseffekte zu zeitigen.

I: Der Konsument nimmt eine zentrale Position innerhalb des Pfandsystems ein. Als ein Problem wird immer wieder die Schwierigkeit der Unterscheidbarkeit von Einweg- und Mehrwegprodukten bezeichnet. Dies soll in Zukunft mit einer neuen Kennzeichnungspflicht geändert werden. Wie genau soll dies aussehen und welche Vorteile entstehen daraus für den Verbraucher?

B: Mit der vom Bundesumweltministerium vorgeschlagenen Hinweispflicht sollen die Verbraucherinnen und Verbraucher in die Lage versetzt werden, sich bewusst für eine Getränkeverpackung zu entscheiden, die ihren ökologischen Ansprüchen genügt. Mit der Verordnung wird die Vereinbarung des Koalitionsvertrages umgesetzt, „durch eine aussagefähige Produktkennzeichnung, z.B. klare Bezeichnung als Einweg- oder Mehrwegflasche, […] die Transparenz [zu] erhöhen und die ökologische Konsumentenverantwortung [zu] stärken". Vertreiber, die Getränke in bepfandeten Verpackungen an die Endverbraucher abgeben, werden zukünftig verpflichtet, diese darauf hinzuweisen, ob es sich bei den angebotenen Getränkeverpackungen um Ein- oder um Mehrwegverpackungen handelt. Die Hinweispflicht gilt ausschließlich für Letztvertreiber bepfandeter Getränkeverpackungen. Erfasst werden mithin Einweggetränkeverpackungen, die gemäß § 9 der Verpackungsverordnung (VerpackV) der Pfandpflicht unterliegen, und freiwillig bepfandete Mehrweggetränkeverpackungen, welche dieselben Getränkearten beinhalten und das gleiche Füllvolumen (0,1 bis 3,0 Liter) aufweisen wie die pfandpflichtigen Einweggetränkeverpackungen. Als Letztvertreiber gelten Vertreiber, die bepfandete Getränkeverpackungen an den Endverbraucher abgeben. Vorgeschaltete Handelsstufen werden nicht erfasst. Hinweise mit den Schriftzeichen „EINWEG“ und „MEHRWEG“ müssen in unmittelbarer Nähe zu den Produkten angebracht werden und deutlich sicht- und lesbar sein. Gestalt und Schriftgröße der Hinweise müssen mindestens der in der Verkaufsstelle üblichen Auszeichnung des Endpreises entsprechen. Die Hinweise müssen vor Vertragsschluss gegeben werden. Im Versandhandel (Fernabsatz) müssen die Hinweise in den dort verwendeten Darstellungsmedien (Katalog, Internet, etc.) gegeben werden. Von der Hinweispflicht ausgenommen bleiben Verkaufsstellen, die nach der Preisangabenverordnung nicht zur Angabe des Grundpreises verpflichtet sind (insb. kleine Einzelhändler sowie Getränkeautomaten). Die Hinweispflicht ist bußgeldbewehrt. Ordnungswidrig handelt, wer einen vorgeschriebenen Hinweis vorsätzlich oder fahrlässig nicht, nicht rechtzeitig oder nicht ordnungsgemäß gibt. Es ist eine Übergangsfrist von neun Monaten vorgesehen.

I: Inwiefern sind Aufklärungskampagnen sinnvoll und notwendig, um das bestehende Pfandsystem zu stärken?

B: Die Bundesregierung hat in der Vergangenheit Aufklärungskampagnen zur Förderung von Mehrweggetränkeverpackungen durchgeführt bzw. unterstützt. Die Information der Öffentlichkeit sowohl durch die Bundesregierung als auch durch Wirtschaftsbeteiligte und Umwelt- und Verbraucherverbände wird auch in der Zukunft eine wichtige Rolle spielen. Der Aufklärung der Öffentlichkeit dient auch die vorgesehene Hinweispflicht.

I: Abschließend noch einmal die Frage, wie zielführend und sinnvoll war die Einführung des Einwegpfandsystems im Jahr 2003, wenn sowohl ökonomische als auch ökologische Komponenten berücksichtigt werden?

B: Die Einführung der Pfandpflicht für ökologisch nicht vorteilhafte Einweggetränkeverpackungen hat die in sie gesetzten Erwartungen in den Bereichen Littering und Ressourceneffizienz voll erfüllt. Daneben konnte der Mehrweganteil bei Bier und Biermischgetränken deutlich gestärkt und ökologische Innovationen bei Einweggetränkeverpackungen angeschoben werden. Der Mehrweganteil bei Erfrischungsgetränken und Mineralwässern konnte demgegenüber nur vorübergehend stabilisiert werden. Hier wird die Lenkungswirkung der Pfandpflicht gegenwärtig durch andere Faktoren überkompensiert.

I: Damit möchte ich mich ganz herzlich bei Ihnen bedanken, dass Sie sich Zeit für dieses schriftliche Interview genommen haben und damit meine Forschungsarbeit unterstützt haben. Ihre Informationen sind sehr hilfreich, um einen noch tieferen Einblick in die Thematik zu bekommen und meine theoretischen Grundlagen mit weiterem Fachwissen zu unterfüttern. Vielen Dank!

Anhang 4

Interview mit einem Pfandtagebuchteilnehmer, der überwiegend <u>Mehrweg</u> gekauft hat

I: Interviewer (Tina Geitz)

B: Befragter

Altersklasse: 40-49 Jahre   Haushaltsgröße: 3 Personen   Haushaltseinkommen: 2000-2999€

I: Sie haben während des Untersuchungszeitraumes zu einem stark überwiegenden Anteil Mehrwegflaschen gekauft (136 Flaschen in 4 Wochen). Welche Gründe gibt es, das Sie im Geschäft verstärkt nach Mehrweg- (8/15 Cent Pfand) und nicht nach Einwegflaschen (25 Cent Pfand) greifen?

B: Die Mehrwegflaschen sind ökologisch besser, also umweltfreundlicher. Außerdem sind sie vom Pfand her günstiger. Bier gibt es hauptsächlich in Mehrwegflaschen, also die Marken. Die kaufen wir als Mehrwegflaschen.

I: Nach welchen Kriterien läuft der Kaufentscheidungsprozess einer Getränkeverpackung für Sie ab? Was sind die ausschlaggebenden Aspekte bei der Entscheidung?

B: Ich kaufe die Getränke meist nach Angebot und nach Qualität. Je nachdem welche Getränke zurzeit im Angebot sind, kaufe ich diese, also im Bereich der Mehrwegflaschen. Ich kaufe gelegentlich auch Saft. Den kaufe ich dann in pfandfreien Verpackungen, weil es den oftmals nicht in Pfandflaschen gibt oder deutlich günstiger ist.

I: Spielt der ökologische Gedanke bei der Wahl Ihrer Getränkeverpackung eine Rolle? Kaufen Sie also Mehrweg um damit umweltbewusst zu handeln?

B: Ja, wie bereits gesagt, ich möchte damit die Umwelt schonen.

I: Getränke in Einwegverpackungen, wie beispielsweise Mineralwasser, sind häufig günstiger als die in Mehrwegverpackungen. Welche Rolle spielt der finanzielle Aspekt bei der Wahl Ihrer Getränkeverpackung?

B: Ich kaufe die teureren Getränke der Umwelt zu liebe. Ich versuche damit zu sparen, indem ich nach Angebot die Getränke kaufe. Außerdem wurde jetzt erst festgestellt, dass wenn man zu viele Getränke aus Plastikflaschen kauft, zu viele schädliche Stoffe zu sich nimmt. Ich habe neulich darüber eine Reportage gesehen. Die Stoffe in den Flaschen sind krebserregend. Deshalb kaufe ich lieber Mehrwegflaschen, also der Gesundheit wegen.

I: Führt der höhere Pfandbetrag von 25 Cent dazu, dass Sie vom Kauf einer Einwegpfandflasche abgeschreckt werden?

B: Ja, das ist auch ein Aspekt neben den gesundheitlichen und umweltschonenden Gründen. Die anderen beiden spielen aber eine größere Rolle.

I: Die 4-wöchige Untersuchung mit Hilfe der Pfandtagebücher hat gezeigt, dass der Kauf von Mehrweggetränkeverpackungen altersabhängig ist. Jüngere Personengruppen greifen stärker zu Einwegflaschen als ältere. Welche möglichen Erklärungen gibt es Ihrer Meinung nach dafür?

B: Die ältere Generation ist eventuell von früher gewöhnt, Mehrwegflaschen zu kaufen. Da gab es noch keine Einwegflaschen. Das könnte ein Grund dafür sein. Eine Erklärung dafür, warum jüngere Menschen Einwegflaschen kaufen, könnte sein, dass diese Flaschen leichter sind als beispielsweise die Glasflaschen und es bequemer zum Transportieren ist.

I: Derzeit wird über eine verbesserte Kennzeichnungspflicht für Einwegpfandflaschen diskutiert, um dem Verbraucher die Entscheidung zu erleichtern. Erachten Sie dies als sinnvoll? Fällt Ihnen die Unterscheidung zwischen Einweg und Mehrweg derzeit leicht oder wünschen Sie sich Verbesserungen in der Hinsicht?

B: Ich erkenne die Kennzeichnung ganz gut, noch. Für ältere Menschen wäre es sinnvoll, es größer aufzudrucken, damit man es besser erkennt. Es ist schon ziemlich klein und auf der Rückseite der Flaschen. Aber derzeit bin ich damit zufrieden und erkenne es gut.

I: Damit möchte ich mich bedanken, dass Sie sich nach der Teilnahme an der 4-wöchigen Pfandtagebuchuntersuchung noch Zeit für dieses Interview genommen haben! Vielen Dank!

Anhang 5

Interview mit einem Pfandtagebuchteilnehmer, der überwiegend Einweg gekauft hat

I: Interviewer (Tina Geitz)

B: Befragter

Altersklasse: < 20 Jahre Haushaltsgröße: 2 Personen Haushaltseinkommen: 1000-1999€

I: Sie haben während des Untersuchungszeitraumes zu einem stark überwiegenden Anteil Einwegflaschen gekauft (54 Flaschen in 4 Wochen). Welche Gründe gibt es, das Sie im Geschäft verstärkt nach Einweg- (25 Cent Pfand) und nicht nach Mehrwegflaschen (8/15 Cent Pfand) greifen?

B: Es gibt nicht die gleiche große Auswahl, wie bei Einwegflaschen.

I: Nach welchen Kriterien läuft der Kaufentscheidungsprozess einer Getränkeverpackung für Sie ab? Was sind die ausschlaggebenden Aspekte bei der Entscheidung?

B: Ich achte nicht auf die Getränkeverpackung. Wie das Getränk aussieht ist mir egal.

I: Spielt der ökologische Gedanke bei der Wahl Ihrer Getränkeverpackung eine Rolle?

B: Nein überhaupt nicht.

I: Getränke in Einwegverpackungen, wie beispielsweise Mineralwasser, sind häufig günstiger als die in Mehrwegverpackungen. Welche Rolle spielt der finanzielle Aspekt bei der Wahl Ihrer Getränkeverpackung?

B: Wenn ich das gleiche Produkt in Einwegflaschen oder Mehrwegflaschen kaufen kann, dann entscheide ich mich für das günstigere.

I: Schreckt Sie die Zahlung des höheren Pfandbetrages von 25 Cent nicht vom Kauf einer Einwegpfandflasche ab? Wie hoch müsste der Pfandbetrag Ihrer Meinung nach angesetzt sein, dass Sie sich für eine Mehrwegflasche entscheiden würden?

B: Der Betrag schreckt mich nicht ab. Ab 1-2 Euro Pfand würde ich es mir doch überlegen, doch Mehrwegflaschen zu kaufen.

I: Die 4-wöchige Untersuchung mit Hilfe der Pfandtagebücher hat gezeigt, dass der Kauf von Mehrweggetränkeverpackungen altersabhängig ist. Jüngere Personengruppen, wie auch in Ihrem Fall gezeigt, greifen stärker zu Einwegflaschen als ältere. Welche möglichen Erklärungen gibt es Ihrer Meinung nach dafür?

Anhang 5

B: Es gibt keine Mehrwegflaschen in praktischen Sixpack-Verpackungen, die leicht zu tragen sind. Man kann sie nur in Verbindung mit Kästen kaufen oder einzeln.

I: Gibt es für Sie Schwierigkeiten Einweg- und Mehrwegpfandflaschen voneinander zu unterscheiden?

B: Meiner Meinung nach sind alle Hartplasteflaschen und Glasflaschen Mehrwegflaschen. Alle anderen sind Einwegflaschen.

I: Derzeit wird über eine verbesserte Kennzeichnungspflicht für Einwegpfandflaschen diskutiert, um dem Verbraucher die Entscheidung zu erleichtern. Erachten Sie dies als sinnvoll? Würden Sie bei eindeutiger Kennzeichnung einer Einwegflasche dann eher zu einer Mehrwegflasche greifen?

B: Nein, da für mich der Preis und das praktische Transportieren eine wichtigere Rolle spielen.

I: Damit möchte ich mich bedanken, dass Sie sich nach der Teilnahme an der 4-wöchigen Pfandtagebuchuntersuchung noch Zeit für dieses Interview genommen haben! Vielen Dank!

Anhang 6

Interview mit einem Pfandtagebuchteilnehmer mit einem <u>sehr ausgeglichenen Einkaufsverhalten</u>

I: Interviewer (Tina Geitz)

B: Befragter

Altersklasse: 30-39 Jahre Haushaltsgröße: 1 Person Haushaltseinkommen: 1000-1999€

I: Sie haben während des Untersuchungszeitraumes ein sehr ausgeglichenes Einkaufsverhalten gezeigt, haben also sowohl Einweg- (25 Cent Pfand), Mehrweg- (8/15 Cent Pfand) als auch pfandfreie Getränkeverpackungen in nahezu gleicher Anzahl gekauft. Welche Gründe gibt es, das Sie im Geschäft zu allen drei Getränkeverpackungen greifen?

B: Unterschiedliche Hersteller und Flaschen meiner Getränkeauswahl, z.B. gibt es meine Zitronen-Grapefruit Limonade nur mit 15 Cent Pfand und mein Wasser kaufe ich in 1,5l Verpackungen, was dann den 25 Cent Pfand beträgt.

I: Nach welchen Kriterien läuft der Kaufentscheidungsprozess einer Getränkeverpackung für Sie ab? Was sind die ausschlaggebenden Aspekte bei der Entscheidung?

B: Ich lese mir die Nährwerttabelle durch und entscheide mich.

I: Spielt der ökologische Gedanke bei der Wahl Ihrer Getränkeverpackung eine Rolle? Wenn Sie also Mehrweg kaufen, tun sie das, um damit umweltbewusst zu handeln?

B: Nein, ich kaufe diese Produkte die mir schmecken.

I: Getränke in Einwegverpackungen, wie beispielsweise Mineralwasser, sind häufig günstiger als die in Mehrwegverpackungen. Welche Rolle spielt der finanzielle Aspekt bei der Wahl Ihrer Getränkeverpackung?

B: Auf den Preis achte ich sehr, der finanzielle Aspekt spielt daher eine große Rolle für mich.

I: Führt der höheren Pfandbetrag von 25 Cent dazu, dass Sie vom Kauf einer Einwegpfandflasche abgeschreckt werden?

B: Nein.

I: Sie haben auch zu einem großen Anteil pfandfreie Getränkeverpackungen gekauft (24 in 4 Wochen). Welche Art von Getränken kaufen Sie in diesen Verpackungen. Was sind die Gründe für den Kauf pfandfreier Getränkeverpackungen?

B: Saft, denn die meisten Säfte (z.B. Valensina) gibt es zum großen Teil nur in pfandfreien Getränkeverpackungen.

Anhang 6

I: Die 4-wöchige Untersuchung mit Hilfe der Pfandtagebücher hat gezeigt, dass der Kauf von Mehrweggetränkeverpackungen altersabhängig ist. Jüngere Personengruppen greifen stärker zu Einwegflaschen als ältere. Welche möglichen Erklärungen gibt es Ihrer Meinung nach dafür?

B: Bequemlichkeit, schnelle einfache Entsorgung und ältere Menschen haben ein stärkeres Bewusstsein zur Umwelt.

I: Gibt es für Sie Schwierigkeiten Einweg- und Mehrwegpfandflaschen voneinander zu unterscheiden?

B: Nein.

I: Derzeit wird über eine verbesserte Kennzeichnungspflicht für Einwegpfandflaschen diskutiert, um dem Verbraucher die Entscheidung zu erleichtern. Erachten Sie dies als sinnvoll? Würden Sie bei eindeutiger Kennzeichnung einer Einwegflasche dann eher zu einer Mehrwegflasche greifen?

B: Nein, das derzeitige Pfandzeichen reicht voll und ganz aus, denn wer vorher zu Einwegflaschen greift, der macht das auch weiterhin so.

I: Damit möchte ich mich bedanken, dass Sie sich nach der Teilnahme an der 4-wöchigen Pfandtagebuchuntersuchung noch Zeit für dieses Interview genommen haben! Vielen Dank!